编委会

儿童健康卫士科普丛书

浅浅的心理知识大大的育儿智慧

四川大學出版社
SICHUAN UNIVERSITY PRESS

图书在版编目（CIP）数据

浅浅的心理知识 大大的育儿智慧 / 赵梓伶主编
. — 成都：四川大学出版社，2024.5
（儿童健康卫士科普丛书）
ISBN 978-7-5690-6900-6

Ⅰ．①浅… Ⅱ．①赵… Ⅲ．①儿童—心理健康—健康
教育 Ⅳ．① B844.1

中国国家版本馆 CIP 数据核字（2024）第 096591 号

书　　名：浅浅的心理知识 大大的育儿智慧
　　　　　Qianqian de Xinli Zhishi Dada de Yu'er Zhihui
主　　编：赵梓伶
丛 书 名：儿童健康卫士科普丛书

选题策划：邱小平　许　奕
责任编辑：许　奕
责任校对：倪德君
装帧设计：裴菊红
责任印制：王　炜

出版发行：四川大学出版社有限责任公司
　　　　　地址：成都市一环路南一段 24 号（610065）
　　　　　电话：（028）85408311（发行部）、85400276（总编室）
　　　　　电子邮箱：scupress@vip.163.com
　　　　　网址：https://press.scu.edu.cn
印前制作：四川胜翔数码印务设计有限公司
印刷装订：成都市火炬印务有限公司

成品尺寸：146mm×210mm
印　　张：4
字　　数：99 千字

版　　次：2024 年 5 月 第 1 版
印　　次：2024 年 5 月 第 1 次印刷
定　　价：36.00 元

扫码获取数字资源

四川大学出版社
微信公众号

目录 contents

概 论

LOVE
PANDA

根据世界卫生组织（WHO）的"健康"概念，一个人只有在躯体健康、心理健康、社会适应良好和道德健康四个方面皆健全，才是一个完全健康的人。对于儿童来说，心理健康体现在智能发育正常、有积极乐观的情绪、拥有良好的人际关系、能够正确认识自己、拥有健全的性格以及能够正确对待现实六个方面。

儿童心理发展的特点

1. 连续性与阶段性

儿童在每个年龄阶段既保留了上一年龄阶段的特征，又含有下一年龄阶段的新特质，但每个年龄阶段总是具有占主导地位的本质特征。比如，小学一二年级的孩子开始有具体形象思维，但是仍保留着幼儿阶段的感觉和知觉思维。

2. 稳定性

在一定社会教育条件下，相同年龄阶段的大多数儿童总是处于一定的发展水平，表现出基本相似的心理特点。

3. 定向性和顺序性

儿童心理发展的方向和顺序不可逆，从小到大、从简单到复

杂、从具体到抽象等，所以要循序渐进，不可拔苗助长，以免影响儿童的健康发展。

4. 不平衡性

儿童不同的心理特质发展的速度、起讫时间和达到成熟的时期不同。个体同一心理特质在不同时期有不同的发展速度。例如，2～3岁是口头语言的关键期，4～5岁是书面语言的关键期。

5. 差异性

不同儿童心理发展速度、达到的水平和发展的优势领域会有所不同，所以要因材施教。每个儿童都有自己的优势，有的喜欢运动，有的喜欢画画，有的擅长英语，有的擅长数学等。每个儿童都存在差异性。

儿童心理健康的影响因素

1. 遗传因素

儿童的气质、智力和性格等都受遗传因素的影响，比如，性格外向和内向、智商高低、脾气温和和暴躁、好动和好静等。

2. 生理因素

导致肢体残疾或精神问题的疾病，往往会导致儿童出现焦虑和恐惧心理，进而使儿童出现焦虑、抑郁、低自我评价、攻击性行为、社交退缩等问题，对他们的心理健康成长造成很大的影响。

3. 家庭因素

家庭是儿童生活成长的主要环境。家庭的氛围、家庭成员关系、家庭的环境、教育方法等对儿童的影响是潜移默化的。父母和其他的家庭成员的生活习惯、自身修养、作风情操对于儿童品德培养、个性形成有重要的意义。

4. 学校因素

学校是儿童的学习场所，也是走向社会的一个起跑线。学校的教育方针政策、学校的风气环境、老师的态度和方法、学习成

绩、师生同学之间的关系都可以影响学生的心理发育。

5. 社会因素

社会环境对儿童的发育也影响比较大，如贫困、灾难、冲突、种族歧视、传染病疫情、社会风气等均可以影响儿童的心理发育。另外，丰富多样的电视媒体节目以及强大的互联网等大众传播媒介对儿童的心理健康也造成诸多影响。

不同年龄段儿童的心理保健

1. 婴幼儿期（0~3岁）的心理保健

0~3岁是儿童生理和心理发育最迅速的时期，是感知觉、语言等智力因素发育最关键的时期，这一时期可塑性强。

（1）应结合感知觉等的快速发展，全面丰富感觉刺激，促进儿童早期发展。

（2）父母不仅要满足婴幼儿的心理需求，而且要为婴幼儿提供安全的环境，加强对婴幼儿的保护，促进安全依恋的建立。

（3）注重婴幼儿独立性的培养，正确处理负面情绪反应，促进良好情绪和性格的形成。

2. 学龄前期（3~6岁）的心理保健

这个阶段心理保健应关注的主要内容是采取适当的方法促进儿童智力因素与非智力因素的发展。

（1）根据儿童的心理发展特点，采取具体形象的刺激，给儿童充足的玩耍时间，通过各种有益健康的游戏活动等促进儿童的智力发展。

（2）为儿童交往创造有利条件，帮助儿童识别和学习正确的交往方式，积极引导儿童建立平等融洽的同伴关系，引导儿童学习分享与合作，促进儿童社交能力的发展。

（3）应注重儿童良好习惯的培养，培养克服困难的勇气和坚韧的品格。

（4）儿童对父母和老师的一举一动都很关注，言语、行为中有许多有意无意的模仿，应注重父母、老师言传身教的作用。

（5）对于儿童出现的各种不良行为表现，父母和老师要及时加以纠正，以免儿童养成不良的行为习惯。

3. 学龄期（6～12 岁）的心理保健

这个年龄阶段是儿童心理发展的重要转折期。这时儿童需要从以游戏为主的生活状态过渡到以学习为主的生活状态。通过学校教育，儿童的认知能力、知识经验、技能技巧都得到了迅速发展。

（1）父母要提前帮助儿童做好上学前的准备，帮助儿童顺利进入小学。

（2）在学习的过程中，注重培养儿童的学习兴趣、学习习惯和学习信心。

（3）父母鼓励儿童进行社会交往，使其建立良好的同伴关系，促进儿童的社会性发展。

（4）平等地对待儿童，尊重儿童，促进儿童自信心、自尊心的发展。

4. 青春期（12～18 岁）的心理保健

青春期是一个充满矛盾的阶段。一方面，青少年还没有完全长大成人，他们渴望独立，却还没有具备足够的能力；另一方面，他们渴望被他人理解，却又常常把秘密藏在心底。

（1）尊重青少年的正确意见，培养青少年的自觉性和自制力，帮助青少年学会从自己和他人的经历中学习经验和教训，促进身心的健康成长。

（2）与青少年保持一种平等的沟通状态，尊重他们的隐私，为青少年健康成长创造良好的氛围。

（3）提前对青少年进行适时、适度的性教育，帮助建立正确的性观念和性道德、恋爱观和婚姻观。

学习篇

LOVE PANDA

学习需要仪式感：不要让卧室变成书房

很多家长抱怨辅导孩子作业太难了。孩子边写作业边看手机、吃零食，写一会儿作业就喝水、上厕所，读书时东倒西歪，或者找不到铅笔和橡皮……这些问题让老师和家长都很头痛，也很苦恼。

如何增强孩子的自制力？可以试试给学习增加一点仪式感。古人读书前必净手洁案，读书时端端正正地坐在桌案前，上身挺拔，腿脚安定，绝不"跷二郎腿"，也不能躺着或者趴着看书，专注学习好几个时辰。

仪式感可以让人们记住一些重要时刻。简单来说，仪式感是把本来单调普通的事情变得不一样，使人们怀有敬畏心理。仪式感就是使某一天与其他日子不同，使某一时刻与其他时刻不同。学习时，抛开手机与零食；工作时，着装整齐，准备好上班的用品资料；在学校，每周很重要的仪式就是升国旗，看着护旗手踏着整齐的步伐走到旗杆下，全校师生庄严肃穆，齐唱国歌，五星红旗冉冉升起，胸中总是升起一股豪情。

那么仪式感对学习真的有这么重要吗？一些学习困难的孩子，他们的智商并不低，但却没有一个好的学习习惯。他们的课桌乱成一团，课本找不到，需要红笔或者橡皮时就要乱找一通，这样听课时能记下笔记吗？有的孩子上课手上总要拿东西不停把玩，不然手就不知道该放到哪里，这样注意力能集中在学习上吗？有的学生坐姿不端正，趴在桌子上听课，也许一会儿就去会"周公"了。而那些把课桌和物品收拾得井井有条、端端正正地坐着、聚精会神地听课、认真地记笔记的学生则有"认真学习"的态度。因此仪式感不是"形式主义"，它更多的是表明一种态度，形成一种习惯，给人一种精神和情绪上的代入感，达到身体和精神上的某种状态。

那如何帮助孩子建立学习仪式感？需要从以下几方面入手。

1. 创造适合学习的环境

创造适合学习的环境，比如相对安静且独立的房间，关上门，并嘱咐家人不要打扰。同时孩子在学习之前准备好必要的学习用具，保持桌面整洁，关闭或者远离手机、电脑等，告诉自己"我要开始学习了"，避免需要学习用具时手忙脚乱，打乱学习思路。

2. 制订学习计划并安排时间

家长根据孩子的具体情况合理安排每项作业的时间，学习才能更有效率。每完成一项作业，适当安排休息和放松，一般低年级的儿童每个阶段不超过 30 分钟。不要在儿童很累的时候才结束学习，如果孩子太疲惫，学习效率低下，就会让孩子没有成就感，产生自我怀疑的认知。这些不愉快的体验，会减少孩子对学习的热情甚至导致讨厌学习或者做作业。

3. 身体准备也非常重要

有的孩子经常学一会儿就感觉饿了、渴了、想上厕所，或者热了、冷了，又或者想起来还有什么事情没有做。可以预留 10 分钟给孩子准备学习用具、喝水或者上厕所等。孩子在学习之前让自己的身体做好准备，端正地坐在课桌前，腰部挺直，不要东倒西歪，减少自己在学习过程中出现走神、犯困的现象。这样可以让孩子进入认真学习的状态。

4. 采取不同的仪式让孩子有更多的信心和动力走进学习

创造精神和情绪上的代入感，可以鼓励孩子想象自己学有所成、梦想成真的开心时刻，也可以给孩子一些积极的心理暗示，如"做完作业可以出去玩""自己有能力完成作业"。让孩子安下心来，坐在书桌前。

5. 保持对学习的热情和愉悦的情绪是仪式感的必要条件

家长需要设置奖励制度。细化学习目标，每当达成一个小目标时，要及时给孩子奖励，包括精神奖励和适当的物质奖励。精神奖励包括及时认可孩子的学习行为，如"你今天半小时就完成了数学作业，比昨天快了 10 分钟"等；适当的物质奖励包括给予一颗小红星或者一些特权。循序渐进地安排适当的学习，及时鼓励和认可孩子的努力和进步，在感觉良好时及时结束，让身体和精神记住愉悦的体验，让孩子喜欢学习。

仪式感可以帮助孩子养成良好的学习习惯，使其明白学习是一件很重要的事件。学习需要一点仪式感，就像老师上课之前的"上课起立"营造的仪式感，家长督促、检查孩子的作业也是一种仪式感。让孩子在相对固定的时间做作业，每次开始做作业前必须确认桌面整洁，需要用到的学习用具全部准备好，并按照自己的习惯一一摆好，检查坐姿是否正确，这个过程会让孩子调整

心态，稳定情绪。学习是一件需要认真对待的任务。让孩子从小就对学习心怀敬畏，觉得这是一件很严肃的事情，一旦开始学习，就特别用心和专注。

仪式感表达的是对学习这件事的尊重、认真与执着，同时也提醒我们要更加专注，更自主地去学习，从而提高学习效率。孩子在家里做作业的仪式感，并不是非要庄重神圣地举行个什么仪式，而只是一种时间、空间、事件之间的明显划分，让孩子通过自我暗示，将学习状态与非学习状态区分开来。因此在建立学习仪式感时，也要防止因过分注重"仪式"而产生拖延问题。仪式感缺失，会让人变得懈怠、疲乏，坐在课桌前无从下手，不知道从哪里开始，大大降低学习效率。

因此，如果你觉得自家孩子专注力弱、执行力差，那就从培养仪式感开始吧！

学习的时间管理：计划表

时间管理是很多孩子的"软肋"，他们很难制订并按照时间计划去完成任务。所以家长常常会抱怨自己的孩子每天作业做到很晚，有的孩子甚至会做到凌晨，但班里其他同学可能八九点就完成了。这部分孩子没有计划，往往会被各种事情吸引，导致一份简单的作业到很晚才完成。这个现象令家长十分苦恼，为什么孩子会出现这样的问题呢？

一个问题是拖延。

部分孩子由于缺乏学习兴趣，回避所要做的事情，并且需要花很长时间才能重新参与到任务当中。例如，放学回家，要求孩子尽快完成作业才能看电视，但孩子会找各种借口拖延做作业，直到没办法了才开始做。很多孩子的情况是家长不回家就不会开始写作业，需要家长监督才能回到书桌前。

另一个问题是这些孩子仿佛对什么都感兴趣。

他们想做的事情很多，经常同时做很多事情，但这些事情往往都停留在未完成的不同阶段。例如，一个孩子下午要完成语数英三样作业，但同时他又想搭积木。在下午的时间里，他可能会先搭积木，然后在催促之下去做作业。语文作业刚开始做一点点，他就想起了数学作业，于是就拿出数学作业开始做。可能做了一半觉得无聊了，他又拿出英语作业看一看，这期间也许还会不间断地去搭积木。不知不觉一下午过去了，他一件事情也没有完成，整个事情的安排是很混乱的。大部分时间浪费在从一个未完成的任务转移到另外一个任务，耽搁了时间。因此，只有合理安排时间才能很好地完成学习任务。

今天我们就来谈一谈孩子的时间管理策略，提高他们合理安排时间、优先处理重要事情的能力。让孩子学会时间管理的重要方法：制定任务日程表。借助外界的提醒形成规律的习惯，如按时起床、吃饭、上学、整理书包、做作业等。如果是生活中其他一些临时的事情，如参加聚会活动等，需要提前一天制订好计划，保证事情能够有效完成。计划的制订分为以下 6 个步骤。

1. 设定目标

依据孩子的情况设定目标。例如，如果孩子经常迟到，则设定目标为上学不迟到；如果孩子总是因为不整理书包被老师批评，那目标可以设定为学会整理书包等。

2. 制作列表清单

根据学习时间及要求分类别列出一天所需要做的事情。事情包括以下几个方面：

（1）必须要做的事情，如按时起床上学、放学收拾书包、按时回家等。

（2）不喜欢但需要及时完成的事情，如放学回家先完成作业才能做其他事情。

（3）非常想要做的事情，如参加同伴的聚会或者游戏。

3. 把事情按照优先顺序排序

列好清单之后，评价每件事情的重要性，按 1～5 分打分，事情越重要则分数越高，要及时完成这些事情。例如，按时起床上学（5 分），放学收拾书包（4 分），参加同伴聚会（2 分），按时完成作业（5 分），写完作业玩一会儿游戏（2 分）。

评分的时候可以让孩子思考一些问题：

（1）这件事情可以等吗？如果可以，可以等多久？

（2）如果不按时完成这件事情，会有什么后果？

4. 预估每件事情需要的时间

让孩子先自己预估完成这件事情的时间，同时需要记录他实际使用的时间，为下次制订计划提供反馈。时间计划表举例见表2—2—1。

表 2—2—1　时间计划表举例

	周一	周二	周三	周四	周五
放学时间	4:00	4:00	5:00	4:00	3:00
数学作业时间	5:00—5:30	5:30—6:00	5:30—6:00	5:30—6:00	4:30—5:00
实际完成时间	5:40	5:50	6:20	6:10	5:15
语文作业时间	6:30—7:10	7:00—7:30	7:00—7:30	7:00—7:30	5:10—5:40
实际完成时间	7:20	7:50	7:40	7:20	6:00

5. 完成一天的任务日程表

依据预估需要的时间制定任务日程表，设定闹钟，提示孩子，并让孩子随身携带一份任务日程表作为提醒。周末任务日程表举例见表2-2-2。

表2-2-2 周末任务日程表举例

时间	事件	时间	事件
8:00—9:00	起床，洗漱，吃早餐	18:00—19:00	晚饭
9:30—11:00	作业	19:00—20:00	散步，户外活动
11:00—12:00	家务劳动	20:00—20:30	晚间阅读
12:00—14:00	午饭，午休	20:30—21:00	整理时间
14:30—17:00	户外活动，如打球、骑车	21:00—21:30	睡前洗漱
17:00—17:30	看动画片	21:30	睡觉

6. 建立一个奖惩制度

根据孩子的完成情况，可以累计积分，兑换奖品。家长可以依据孩子自身的情况具体制定和操作。奖惩制度表举例见表2-2-3。

表2-2-3 奖惩制度表举例

时间	事件	完成情况	获得积分
6:30	起床	按时完成	5
6:40—7:00	洗漱，吃早餐	延迟5分钟	2
20:00	完成作业	延迟半个小时	0

注：奖励，一个星期累计40分，可以兑换一包零食；累计90分，可以购买一个玩具；累计120分，可以有一次特权或者游乐项目。惩罚，积分少于20分，减少周末的游戏时间；积分少于10分，增加周末的作业时间。

组织和管理时间能力需要慢慢培养，需要家长有足够的耐心和坚持，陪伴孩子一起制订计划。可以从一件简单的事情开始，也可以从一天的计划开始，帮助孩子慢慢进步。

（1）让孩子学会有计划性：对目标/事情有规划能力，为达到目标或者完成任务而构建方案的能力，包括能判断事情的轻重缓急，并将注意力集中在重要的事情上。

（2）做事条理性：做事有规矩、不混乱。创造并维持一套程序，以安排、跟进某些重要事情。

（3）做好时间管理：能够评估自己在某件事情上花费时间的长短，合理分配时间，在有限的时间内完成特定的事情。理解时间的重要性。

这样孩子就能合理安排时间完成学习任务啦！

习惯和成绩哪一个更重要？

习惯是经过重复练习而稳固下来的思维模式和行为方式，是一系列工作方式、生活方式、学习方式的集合。学习习惯是在学习过程中经过反复练习形成，并发展为一种个体需要的自动化学习行为方式。良好的学习习惯，有利于激发学习的积极性和主动性；有利于形成学习策略，提高学习效率；有利于培养自主学习能力；有利于培养学生的创新精神和创造能力，使其终身受益。

成绩是指完成特定任务的成效，狭义的成绩是指完成学习、完成试卷所获得的分数。成绩是短期内能够反映学习、工作成效的介质。成绩是一个能够在较短时间内运用特定的试题或任务完成测试的成长目标。通过成绩，可以了解每个阶段的学习情况。这是一项可数字化检验学习成效的工具，能够直观地反映一段时间内学习的认真程度及对知识的理解深度。

1. 家长要以身作则，为孩子营造学习的氛围

家庭作为孩子社会化的首要场所，是其成长的第一所"学校"，家长是孩子的第一任老师。习惯的养成，离不开家长的一言一行。学习习惯的形成需要一定的触发机制，这个机制就是情境。家长要以身作则，放下手机，带领孩子共同学习。

2. 培养孩子的学习兴趣

教育心理学家杰罗姆·布鲁纳（Jerome Seymour Bruner）说："学习的最好刺激，乃是对所学材料的兴趣。"当学习的材料和孩子的生活经验相联系时，孩子对学习才会感兴趣。家长应根据孩子的不同年龄特点，引导孩子对周围环境和未知事物产生好奇心，并基于好奇心产生求知的欲望。

3. 掌握良好的学习方法

从上小学开始，就要帮助孩子掌握良好的学习方法。"学习五步法"即课前预习、认真听讲、及时复习、提出疑问和独立作业。①课前预习："凡事预则立，不预则废。"预习作为学习过程诸环节之首，会直接影响课堂教学的效果，进而影响到学习其他环节的顺利进行。②认真听讲：对课前预习的检验。学生整个学习过程的中心环节就是听课，因此认真听课并且高效听课是学生学习效果好的关键，而高质量的听课效果与课前的充分准备密不可分。③及时复习：对听课效果的巩固，根据艾宾浩斯遗忘曲线对过去所学知识进行及时的复习。④提出疑问：对第三步的强化。孔子曾说："疑是思之始，学之端。""质疑"是学生学习的核心，也应该成为学生学习的动力源泉。⑤独立作业：对学习过程前四个步骤的验收。能够认真、独立、按时完成老师布置的作业，才是圆满地完成了当天的学习，学习过程才算是形成了一个"闭环"。

参考文献

毛艳."五步教学法"教学模式中学生良好学习习惯的培养［J］. 软件（电子版），2013（12）：357-357.

椰壳效应：用孩子喜欢的学习方式提高成绩

一个孩子很不喜欢吃饭，家长为此伤透了脑筋，各种方法都尝试过，但都没有达到想要的效果。一次，爸爸外出带回来一个别致的椰壳，孩子看到椰壳后爱不释手，爸爸突发奇想，就把椰壳锯成两半，给孩子当吃饭的碗。结果，孩子爱上了吃饭，问题迎刃而解。这一现象被称为"椰壳效应"。同样的饭菜，盛在孩子喜欢的椰壳里孩子就能吃得兴高采烈，而置于普通碗里就不爱吃。关键在于把"要孩子吃饭"变成"孩子要吃饭"，学习上亦可以借鉴此理。

果果上二年级，近期有点不太爱学习了。放学回到家的第一件事情不是做作业，而是看动画片，或者先下楼去找别的小朋友玩耍，到晚饭时间再回家，吃完晚饭休息一会儿，洗完澡九点多了才开始完成老师布置的学习任务。学习的时候也容易走神，摆弄铅笔，小动作多，坐不住，一会儿上厕所，一会儿喝水，每天写完作业都快十一点了。家长为这个事情绞尽脑汁，有时候忍不住对女儿发脾气，但冷静下来又觉得这样做是不对的，经常陷入"发脾气—反思—又发脾气"的循环中。爸爸找老师沟通，也请教了学校的心理老师，得到了一个建议。下午放学后，爸爸带果果去文具店，让果果选择了一些自己喜欢的文具，回家后果果立刻就开始写作业，不到半小时就完成了平时一个小时都做不完的作业。

对于孩子来说，一成不变的学习会有些枯燥，易让孩子感觉疲劳、厌倦，甚至产生厌学情绪。因此，根据孩子的兴趣爱好，创造新鲜的学习氛围，就相当于帮助孩子找到了新的"椰壳"，可以促进孩子学习。

那么，怎么去实现"椰壳效应"呢？

1. 转变态度，将指责改为平等沟通

不难发现，当孩子没有按照家长的要求去做的时候，权威型的家长总爱指责孩子："我跟你说了很多遍，你就是不听，看吧，没做好吧？""你为什么总是不听我们的建议呢？"指责可能会在短时间取得一定的效果，孩子会勉为其难地按照家长的要求去做，但指责太多的后果是，孩子认为自己没有得到尊重和理解，越来越排斥被安排的各种任务，跟家长的关系也会日益紧张。所以，家长要转变对孩子的态度，当发现孩子迟迟不愿做某事的时候，不要摆出居高临下的姿态去指责，尝试着站在孩子的角度去理解和倾听孩子的诉说，俯下身来平等地跟孩子进行沟通，让孩子感受到家长的爱和尊重，找到孩子做事被动的原因。

2. 细心捕捉，了解孩子的喜好

日常生活中，把孩子当作平等独立的个体去相处，细心了解孩子的喜好，毕竟家长认为好的，并不一定是孩子喜欢的，但是，只有孩子喜欢的东西，才能成为改善孩子行为的"椰壳"。"椰壳"可以是好吃的、好玩的物质东西，也可以是一部电影、一个大大的拥抱、多一点的陪伴、一定的选择权等精神慰藉。

3. 寻找时机，将"椰壳"做成"椰壳碗"

仅仅有"椰壳"还不够，还得寻找合适的时机，将"椰壳"做成"椰壳碗"，让孩子乐于使用"椰壳碗"，才能够解决问题。如果孩子认为自己晚上的记忆力比早晨的记忆力强，那么就支持他睡前背诵吧，相信他会爱上背诵的。如果孩子乐于听着音乐写作业，那么在他做作业时，放一些他喜欢的音乐给他听吧，相信他会爱上做作业的。如果孩子不爱做家务，但对制作美食跃跃欲试，那么就多给他机会展示自己的厨艺吧，相信他不仅会爱上做饭，还会爱上做其他家务的。

父母要学会做一个真正的有心人，用自己的智慧去制造这样的"椰壳效应"，细心捕捉生活中的"椰壳"，选择恰当的时机将之做成"椰壳碗"，以便让孩子更容易接受，爱上学习，提高学习成绩，更阳光地自主成长。

辅导作业

"不写作业母慈子孝，一写作业鸡飞狗跳。"

"从昨天开始老公代替我上岗辅导孩子写作业，我顿时轻松了很多，心情也变好了很多。"

"一到晚上心情就不好，闷闷的，想找事儿，想发泄，总也找不到出口！夜深人静时沉下心想想原因，怎么老是这样呢？原来是我辅导孩子写作业了。"

网络上各种关于辅导作业的"段子"虽有调侃之意，但也反映了辅导作业带给家庭的压力。

轩轩进入了小学三年级，老师开始每天都会留一些家庭作业。但轩轩经常忘记老师布置的作业，通常都是家长忙完家务后提醒他，他才会慢吞吞开始做，而且总是做到一半就想玩游戏、看动画，心思全然不在作业上。家长为了避免孩子因不能完成作业被老师批评，总是耗费大量的时间和精力陪着孩子写作业，有时候难免控制不好情绪发脾气。轩轩经常边哭边写作业，久而久之，对学习产生了恐惧。面对家长辅导作业的困境，我们提出以下建议。

1. 理解孩子和自己

家长越把家庭作业当成自己的职责，孩子就越不会将其看作自己的事情。那些认为家庭作业对自己的家长比对自己更重要的孩子，不会承担起完成家庭作业的责任。如果孩子出现了厌倦做作业的情形，可以跟学校老师联系，设置不完成作业的"自然后果"——课间或放学后需要留在教室补完前一天的作业。让孩子去体验自己行为的后果，而非让家长去体验孩子行为的后果，能够帮助孩子主动承担自己完成家庭作业的责任。当孩子做作业拖拉时，家长要避免说"看嘛，我早就说让你赶紧做作业，你不听我的""你咋又这样，太糟糕了"，这种说教不尊重孩子。比起说教，和善而坚定的坚持最后会让孩子学到更多，这时家长应该共情孩子，倾听他的述说，但是不解救他，让他体验自己的选择带来的后果，即第二天课间或课后留下来补作业。

2. 帮助孩子做计划，形成日常惯例

和孩子一起建立日常作息表，每天有一段时间不看电视，不接触手机等电子产品，全家人都安静地投入某种形式的学习中，要鼓励孩子参与这个过程，如商量具体的时间段和他想坐在什么地方做作业。做计划的时候可以将当日作业任务分解细化，当孩子完成其中一个任务的时候及时鼓励，给予正性的强化。计划中的第一步可以是先复习当日所学内容，然后再开始做作业，这样能够提高做作业的效率。

3. 允许孩子有不同的学习风格和学习结局

有些孩子习惯做作业的时候开着收音机，有些孩子则需要周围环境鸦雀无声；有些孩子能够轻松理解课堂知识，有些孩子则需要课后家长花费一些时间帮助其理解课堂知识；有些孩子不喜欢结构化很强的传统学校，而是喜欢个性化的教育方式。这是孩

子的个性及能力决定的，家长在充分了解自己孩子的情况后应尊重其个性和能力，不能盲目地攀比。

4. 抓大放小，不过度精细化管理

一年级的孩子刚开始学习拼音，没有理解拼音的规律，经常拼错，刚开始写字时容易笔画顺序出错，加减法计算速度比较慢，这都是比较常见的，如果家长因此过度紧张，在辅导作业的时候提高了对笔画、拼音、算数速度的要求，可能会让孩子写作业的时候减少出错，但代价就是孩子挫败感增加，破坏学习积极性。所以在辅导作业的过程中，应该学着抓大放小，允许孩子慢慢进步。

5. 及时就诊

如果孩子出现了注意力缺陷或者多动等行为问题，建议家长多跟老师联系，了解情况后带孩子去专业机构评估是否患有智力障碍或注意缺陷多动障碍。

参考文献

简·尼尔森，琳·洛特，斯蒂芬·格伦. 正面管教 A−Z：日常养育难题的 1001 个解决方案［M］. 花莹莹，译. 北京：北京联合出版公司，2013.

1. 强化定律——培养好习惯

伯尔赫斯·弗雷德里克·斯金纳（Burrhus Frederic Skinner）用白鼠做实验，他将一只白鼠放在特制的实验箱里，只要按下箱内的杠杆，喂食器就供给食物。刚开始，白鼠进入箱里时没有目的地到处乱跑，偶然会按压到杠杆，这时它就可以得到一份食物，在几次偶尔按压杠杆后，白鼠会频繁地去按压杠杆，从而得到更多的食物。这就是强化定律。强化分为两种类型：正强化和负强化。斯金纳认为，人或动物为了达到某种目的，会采取一定的行为作用于环境，当这种行为的后果对其有利时，这种行为就会在以后重复出现；不利时，这种行为就减弱或消失。人们可以用这种正强化或负强化的方法来影响行为的后果，从而修正其行为。正强化又称"阳性强化"，是任何导致人们以后采取该行为的可能性增加的结果，就是奖励那些符合组织目标的行为，以使这些行为得到进一步加强，从而有利于组织目标的实现。负强化也称阴性强化，就是对于符合组织目标的行为，撤销或减弱原来存在的消极刺激或者条件以使这些行为发生的频率提高。

总体来说，积极强化比惩罚好。不恰当惩罚可能会导致孩子惧怕父母，影响亲子关系。

强化定律的基础是生物趋利避害的本能和认知习惯本能。当生物从某种行为中偶然得到益处的时候，就会尝试着去重复这种行为，而如果这种行为每次都能够获利，那么它也就会得到强化。同时，当外界的环境改变在生物自身不断重复强化时，生物就会对外界形成固定的认知，从而形成习惯。人类各种习惯的形成，也是基于这样的道理。对于孩子来说，从儿童阶段到青少年阶段是行为习惯形成的关键时期。

在使用强化定律的时候应该注意哪些方面呢？

首先，要明确孩子的何种行为是可取的、何种行为是不可取的，孩子的主要带养人对此应达成一致。4岁的阳阳想要某种东西或者想要引起别人的关注时，经常使用儿语，如口渴了就说"水水"，妈妈认为儿语很可爱并经常给予强化（立即满足孩子要喝水的需求），爸爸则认为4岁多的男孩子说儿语让人觉得没有"阳刚之气"，就会训斥阳阳。阳阳的儿语行为同时受到奖励与惩罚，久而久之阳阳就变得越来越情绪化，并渐渐地避开他的爸爸。对孩子的同一种行为既奖励又惩罚，这对孩子是不公平的，也容易引起情绪或行为上的问题，故孩子的主要带养人应该对孩子的行为是否可取达成一致。

其次，强化的原则：即时。心理学家佩林发现，白鼠在"斯金纳箱"中按压杠杆后30秒没有出现食物，按压杠杆的行为倾向就很难形成，说明不仅要强化，还需要即时强化，即奖励要即时兑现。

再次，强化的选择方式。奖励良好的行为：奖励包括物质的和非物质的。父母的微笑、关注、拥抱、充满爱意的抚摸都会加强良好的行为，也可以根据孩子的爱好给予力所能及的物质奖励。同时，避免奖励不良行为也很重要。当孩子出现不良行为

时，一个有效的方式就是忽视它。如孩子发脾气，若过多加以责备或给予注意，则无意中可能奖励了这种不良行为，可以使用故意忽视来减少孩子发脾气这样的不良行为。另外，对于不良行为，还可以采取一些温和的惩罚方法，包括暂时隔离、责备和不赞成、自然结果、逻辑结果和行为惩罚。暂时隔离是中止不良行为的有效方法，如当孩子做出不可取的行为（如打人或骂人）时，应立即对孩子实施隔离，用不超过 10 个字的言语和 10 秒钟将孩子送入隔离区，隔离时间遵循一岁一分钟的原则。责备时避免喋喋不休地唠叨、抱怨，应在孩子的不良行为出现时针对孩子的行为而非孩子本人表达自己的责备和不赞成。自然结果是孩子继不良行为后正常或自然发生的事情，比如冬天不戴手套的自然结果就是双手冰凉，不做家庭作业的自然结果可能是放学后需要留在学校补课或课间不能休息。当自然结果会对孩子产生危险时，如 3 岁的孩子想在马路上骑车可能会出现交通意外，家长可以采用逻辑结果的方法，如孩子骑车去不安全的地方就取消他一定时间内骑车的机会。如果某一错误行为无法受到逻辑结果的惩罚，则可以考虑行为惩罚，包括某种特权的丧失、罚款或做不喜欢的家务等。正确使用温和的惩罚不会对孩子产生情绪、情感上的伤害，相反还会有效地改善孩子的行为，但是严厉的惩罚、讽刺挖苦和威胁会伤害孩子的自尊和情绪。

　　故意忽视不良行为遵循的原则和正确应用温和的惩罚见表 2—6—1。

表 2−6−1　故意忽视不良行为遵循的原则和正确应用温和的惩罚

故意忽视不良行为遵循的原则	正确应用温和的惩罚
• 转移对孩子的所有注意 • 拒绝争辩、责备或交谈 • 将头转开并避免目光接触 • 不要显示出生气的样子 • 假装专注于其他事情或离开房间 • 保证孩子的不良行为不能得到物质奖励 • 当孩子不良行为终止时，给予大量关注	• 有节制地应用惩罚 • 只用温和的惩罚 • 不良行为发生后马上惩罚 • 当您能自控时再施予惩罚 • 扼要讲明惩罚的原因 • 避免体罚

2. 延迟满足效应——从小培养孩子的耐心

延迟满足效应又叫作糖果效应。瑞士心理学家贝特·萨勒（Beat Schaller）测试一群 4 岁的孩子，给一块糖看他们能否坚持 20 分钟后吃，如果成功会再奖励他们一块糖果。结果显示，三分之一的孩子能够成功坚持，三分之二的孩子则会在 20 分钟以内吃掉糖果。[①] 延迟满足是心理成熟的表现，是指一种甘愿为更有价值的长远结果而放弃即时满足的抉择取向，以及在等待过程中展示的自我控制能力。延迟满足的过程主要分为两个阶段：第一，儿童放弃即时奖励，选择延迟奖励，即延迟选择阶段；第二，在延迟过程中，儿童抑制对可获得的即时奖励物反应的能力，即延迟等待阶段。前一阶段指个体会基于更有价值的长远结果而放弃即刻满足，后一阶段则指个体为了维持延迟满足过程所做出的各种努力。

对延迟满足的远期影响所做的长期跟踪研究表明，延迟满足

---

　　① 罗曼·格尔佩林. 动机心理学：克服成瘾，拖延与懒惰的快乐原则［M］. 张思怡，译. 天津：天津科学技术出版社，2020.

存在明显的个体差异，其在儿童 4 岁时出现，并可预知儿童期、青春期、大学时期的认知和社交能力。差的自我控制能力与儿童以后出现行为适应障碍和社会行为适应不良相关。4、5 岁时能够做到延迟满足的儿童，在十余年后，父母对其在学业成绩、社会能力、应对挫折和压力等方面也有较好的评价，而且他们在申请大学时的学习能力倾向测验分数也较高。延迟满足的发展是个体完成各种任务、协调人际关系、成功适应社会的重要条件。延迟满足不是单纯地让人学会等待，也不是一味地压制人的欲望，它是一种克服当前的困难情境而力求获得长远利益的能力。

妈妈带 4 岁的小明外出买菜，路上小明看到自己喜欢吃的棒棒糖就闹着要吃糖，妈妈没有买，小明就大哭大闹，让妈妈马上买。这个时候妈妈怎么处理呢？立刻满足还是严词拒绝？如果立刻满足，无形中会助长孩子大哭大闹的表达方式；如果严词拒绝，孩子的情绪很难平静下来，也可能会耽误后面的安排。这个时候妈妈很耐心地蹲下来跟小明说："宝贝，你可以等一下吗？我们现在在买菜，你可以帮助妈妈一起选菜，等我们一起买完菜就去买你想要的棒棒糖。"小明听了后，情绪逐渐平静下来，擦干眼泪，跟着妈妈选菜。等他们买完菜，小明好像已经忘了要吃棒棒糖的事情，但是走到收银台，妈妈还是按照给小明的承诺，给小明买了他想要的棒棒糖，小明开开心心地回家去了。

以上是一个延迟满足的例子。那在培养延迟满足方面，我们应该注意哪些内容呢？

（1）让孩子充分理解延迟满足的意义。

不要在低年龄段去尝试延迟满足，尤其是 3 岁前的孩子。这个阶段的孩子不能完全理解延迟满足的意义，且处于与周围环境建立安全感的关键时期，滥用此方法会让孩子对这个世界产生严重的不信赖。最初安全感没有建立，后期会变得极度敏感脆弱。

（2）如何培养延迟满足的能力呢？

等孩子年龄稍大一点时，父母可以用"代币"的方法帮助孩子培养延迟满足的能力。和孩子约定，买新玩具需要用平时积累起来的"五角星"交换，"五角星"是平时孩子表现好的时候获得的"货币奖励"。一般在孩子积累到约定次数后就可以满足愿望，且家长一定要守信用，承诺孩子的事情一定要按时按质量完成。培养延迟满足能力要考虑孩子的年龄和承受能力。延迟满足的时间从几分钟延迟到一两天甚至更长，时间上要从短到长，难度上从易到难，一点点增加。延迟满足应该先集中于难以完成的事，把奖励和容易完成的事放在最后。例如先写不喜欢课程的作业，最后写比较擅长课程的作业。

延迟满足和及时满足，孰优孰劣？及时满足与延迟满足并不矛盾。一个被充分满足过的孩子，才能在面对各种诱惑时有足够的信心来等待。唯有基于爱，以信任、满足和尊重为支撑，才能真正让我们的孩子在心甘情愿的等待中收获成长的能量。

参考文献

林恩·克拉克. SOS! 救助父母：处理儿童日常行为问题实用指南［M］. 姚梅林，姚枫林，译. 北京：北京师范大学出版社，1997.

Metcalfe J，Mischel W. A hot/cool－system analysis of delay of gratification：dynamics of willpower［J］. Psychol Rev，1999，106（1）：3－19.

家庭篇

LOVE
PANDA

尊重孩子的安全边际：平等原则

周日门诊的时候，赵医生遇到同事7岁的孩子，他静静地在旁边房间上网课，中途出来接了一杯水，问了导诊护士一些问题后很快回到了他的位置，全程没有去打断妈妈，也没有丝毫抱怨。赵医生很惊奇地问他的妈妈，您的孩子为什么有那么强的自律性和责任感？

同事告诉赵医生，今天陪妈妈来上班是孩子自己的选择，当然他也可以选择去和朋友参加课外活动，还可以选择一个人在家，因为这是他自己的选择，所以虽然枯燥，但他也乐于享受。在同事的家庭里，每个人都有表达需求、做出选择的机会，而每一个人的行为，都可以由他自己来决定的。赵医生很惊叹7岁的孩子已经可以在家庭关系以及自己的学习和生活中做出这么多选择了。

有些父母会疑惑：孩子为什么越大越不听话，甚至有了叛逆心理？在父母眼里，孩子要求的"自由""权利"等都是可笑的。然而随着孩子逐渐长大，孩子主体人格和自我意识逐渐确立，父母在孩子那里遭遇了"滑铁卢"。父母突然发现，孩子不听话了，孩子有秘密了，甚至对自己的爱和关心也有所抵触了。

父母之所以遇到这样的窘境，是因为他们犯了心理学的大忌，他们违背了个体之间应遵循的最原始、最重要的原则：平等。只有基于平等的爱才是对方乐意接受的，如果没有平等，爱就变成了一种强求、一种强权。所以在亲子关系中，父母要遵循这样的原则，不能以爱的名义，让孩子无条件地遵循自己所决定的一切。换句话说，父母不能以爱的名义，忽略孩子的安全边际。

父母和孩子可以尝试着调整关系，有什么事都可以"摆在桌子上"，开诚布公地谈。不仅是父母可以对孩子提出看法，孩子同样也可以对父母提出看法，那么他们之间除了是父母和孩子的关系，还是平等的朋友关系。

1. 在亲子关系中，沟通是最重要的

沟通的前提是平等。这种平等的亲子关系说起来容易做起来难，尤其对长期受传统教育影响的中国父母而言，难度更大。绝大多数父母是愿意与孩子沟通的，绝大多数孩子也愿意与父母交流。但是由于父母与孩子所处的地位不同，父母与孩子所关心的内容不同，与孩子谈话的方式使孩子难以接受等，父母与孩子沟通产生了诸多障碍。大多数父母与孩子沟通的时候，是站在自己的立场上，以教训孩子的姿态沟通。这让孩子很难产生愉快的感受，沟通的结果也就可想而知了。

2. 每一个个体生命，都有自己的安全边际

就像动物王国里的势力范围一样，人类也有自己的势力范围，只是更多地体现在意识形态层面。例如，每个人的住所不容他人侵犯，每个人的隐私不容侵犯等。对于这种安全边际，成人世界是认可的。例如，对自己的亲朋好友，我们都在相处中谨守原则，并不会逾越。但在亲子关系中，父母往往对孩子的安全边际视而不见。父母不知道，一旦过界，孩子也会觉得受到侵犯和

伤害，并会反击。

小·妙招

在孩子的成长过程中，平等对待孩子的重要性远远超过性格的养成和技能的培训。想要和孩子平等相处，让孩子获得成长所需的安全感，父母就一定要放下"权威"，在家庭中营造一种民主的氛围，让孩子拥有一定的"话语权"。父母应该尊重孩子内心的声音，从日常生活的小事，到学习和择业，父母都没有权利代替选择，不要代替孩子做出生活的选择。要懂得倾听孩子的心声，并尊重孩子的想法，让孩子做出选择，但要给孩子提出合理的建议并加以指导。当学习成为孩子的内心意愿和需求，而不是被逼迫时，孩子才会有永不枯竭的学习动力。

父母常开"空头支票"，让孩子习惯撒谎

小奇对学习一直不太感兴趣，成绩也一直不理想，可最近他忽然对学习积极上心起来，他非常高兴地告诉朋友，他妈妈向他做了承诺：考到班级前 20 名就可以带他去水上乐园。小奇异常兴奋，也非常努力地学习，期中考进了前 15 名。当小奇要求妈妈兑现承诺的时候，妈妈却因为事情太多而推托，一直没有兑现承诺。小奇还是不放弃，再三要求妈妈带他去玩，结果妈妈很生气，还埋怨他不懂事。

小奇很伤心，变得不再相信妈妈的话了，失去了学习动力，成绩再次一落千丈不说，在学校做错了事情还学会撒谎找借口，而且不肯承认错误。

许多时候，父母可能出于善意，为了达到目的，随口哄哄孩子，对孩子做出承诺，希望给孩子的进步增添动力。然而，当这种承诺不能实现的时候，父母却不能正面去解释或承认自己的不当之处，而是为自己的不守信用寻找各种理由。在这样的教育影响下，孩子也会为自己寻找各种借口、撒谎，甚至逃避责任。

在现实生活中，许多父母并没有信守承诺的习惯。他们常常开"空头支票"，向孩子许下这样那样的承诺，但很少兑现。久而久之，孩子对父母的做法习以为常，也就"有样学样"，不会去遵守自己许下的承诺。当父母因为客观原因影响了承诺的兑

现，孩子感到失望、委屈时，父母不可强迫孩子接受承诺不能兑现的结果，而应主动、诚恳地向孩子道歉，把原因跟孩子讲清楚，以取得孩子的理解和原谅，并在以后寻找适当的机会兑现自己的承诺。即使孩子暂时无法谅解，也不能用呵斥、教训的方式对待孩子，应该允许孩子发牢骚、表示不满。有时，孩子只是因为已经事先在同学、朋友面前炫耀过，怕没有面子而失望。即使埋怨父母，也只是一时的言语过激，而且这些都是短暂的行为，不会埋下隐患。

父母要谨记：对孩子必须言而有信、以诚相待。这样，孩子才会对父母产生充分的信任感，也才愿意把自己的心里话告诉父母，形成良好的亲子沟通。父母是孩子的镜子，也是孩子模仿的对象，只有言而有信的父母，才能在孩子心目中树立起好榜样，才能避免孩子养成说谎的习惯。

在亲子教育中，父母对孩子一定要做到言而有信。父母守信可以培养孩子遵守承诺的意识，这是一个非常重要的品质。

影响学生诚信观的因素是多方面的，家庭因素有着重要的影响。父母是孩子的第一任老师和终身老师，家庭是孩子的第一课堂，这是任何东西都无法替代的。家庭是培养孩子人格的摇篮，父母的一言一行都会对孩子产生极大的影响。因此，父母千万要起到表率作用。由此可见，要培养诚实的孩子，父母一定要言行一致，不说谎、不欺骗，信守承诺。家长尤其注意不要轻易在孩子面前许诺，一旦许诺，一定要做到。

小奇的妈妈在孩子达到了既定的目标，自己却不能完成承诺时，首先应当就自己为什么暂时不能完成承诺的具体情况向小奇说明，诚恳地表达对小奇的歉意，希望小奇可以理解，并且与小奇商讨可以更改的时间或者可以替代的其他选择。与孩子积极主动地沟通交流，可以防止此后出现同样的情况，以身作则，言而有信，为孩子树立诚实守信的榜样。

小·妙招

　　父母在孩子面前尽量要兑现承诺，这分两方面来理解：第一，尽量不要用许诺来刺激孩子；第二，许诺孩子的事情，一定要做到，免得让孩子受到坏的影响，觉得人可以言而无信，可以撒谎。

不要把孩子当成实现自己未完成理想的工具

案例——孩子最近非常抵触画画

小宋（化名）走进医生诊室咨询：医生，我的孩子最近半年开始抵触画画，故意弄坏画画的工具，把画画得很丑，平时也很叛逆，让他做点事情会发脾气抵触，我很困扰。

接下来医生分开约谈母子。

小宋：我是一个画画爱好者，小时候因为家里穷，得不到支持，错过了自己最喜欢的艺术学校，非常遗憾，所以我要培养孩子，每天课余时间让孩子全部用来画画，孩子画得也很好，他一直是我的骄傲。最近因为填报高考院校，孩子频繁和我吵架，孩子不能接受我帮他选的学校。

孩子：妈妈从小就让我学习画画，开始看到妈妈高兴我无所谓，我因此没有时间交朋友，妈妈还让我给别人画画，满足她的虚荣心。最近她还希望大学我能读艺术学校，但我其实并不喜欢画画，是妈妈喜欢，现在我不想再继续受到妈妈的控制。

这个案例充分展现了家长对孩子的控制欲，把自己不能实现的理想加注到孩子身上，把孩子往自己期望的方向培养，把孩子当成实现自己理想的工具，并相信自己的孩子非常优秀，引以为

傲，不断要求孩子为他人画画满足自己的虚荣心。这是家长在教育孩子的过程中产生了不实际的期望心理。

1. 家长对孩子不实际期望心理的分析

（1）代偿心理。

代偿心理：人们遇到挫折、损失，或者面临困境的时候将对某一对象的需求转向其他的对象。在生活中，我们常看到一些父母自己没有实现某个人生理想，便将这个理想转到孩子身上，这也是代偿心理所致。本案例中小宋自己不能成为画家，就将目标转移到孩子身上，不顾孩子是否愿意、是否喜欢，不停地要求孩子，将孩子当成了实现理想的工具。

如果父母的代偿心理过重，那么孩子背负着父母的期望，就会活得很累、很压抑。在当今社会，有些父母的期望早已超出了孩子本身的承受力。一些期望值过高的家长无视儿童身心发展规律，陷入无法自拔的焦虑之中，总是害怕自己家孩子比别人家的孩子落后。

（2）优势心理。

本案例中小宋让孩子多次给别人画画，一是感觉自己的孩子非常优秀，二是喜欢别人夸奖孩子。部分家长接受过较高层次的教育，他们希望孩子"青出于蓝而胜于蓝"，所以对孩子的期望很高，觉得自己的孩子很优秀，产生优势心理，对孩子的要求高。这样的家长会花大量的精力和金钱给孩子提供最好的教育，陪孩子进行最枯燥的才艺训练，也常会说"爸爸妈妈都是为了你好"。在这样的家庭环境中，孩子可能会比较自卑、压抑，没有自我。

众所周知，孩子有自己独特的心理世界和行为发展模式，父母的专制及强加式教育方式不仅会阻碍孩子智力的发展，还会束缚孩子个性的发展，有的还会导致恶性后果。给孩子时间，用心培养，静待花开，给予孩子恰当的心理期待。

2. 获取恰当心理期待的建议

（1）不要把孩子当成自己的私有财产。

"望子成龙，望女成凤"是所有父母的想法，还有很多父母希望子女能替自己了却心中的夙愿，但是孩子也是独立的个体，他有自己的情绪、想法及愿望。当我们把希望寄托在孩子身上时，首先应尊重孩子的意愿，我们不能把孩子当成我们的私有财产，应该平等地和孩子对话，倾听他内心最真实的想法。假如孩子对我们设定的目标并不感兴趣，就不应强求。即使孩子愿意走我们期望的道路，在引导和教育的过程中，也不宜急于求成，应遵循教育规律科学地培养，给孩子一个自由成长的空间。

（2）以客观现实为依据，支持孩子的理想。

理想对于孩子来说有着无穷的魅力，对孩子的成长具有巨大的牵引和激励作用。虽然孩子还小，决定将来走什么路为时过早，他的想法也可能随着时间的推移而发生变化，但是孩子有理想，父母应该感到自豪，并给予肯定和支持。因为只有你支持孩子的理想，给孩子提供合理的建议，才能使孩子的理想变为现实。我们要引导孩子走路，而不是替代孩子走路；我们要让孩子实现他们自己的梦想，而不是实现我们的梦想。

（3）尊重个体差异，欣赏自己的孩子。

不是每个孩子都是天才，在学习的过程中孩子可能达不到我们预期的成绩，父母可能会觉得孩子非常笨，感到痛苦，开始产生教育焦虑。但请相信"天生我才必有用"，每一个孩子都有自

己的优点，可能他学习成绩不好，但是他非常幽默乐观。让我们逐渐成为不焦虑的父母，学会寻找孩子身上的闪光点，欣赏自己的孩子，把孩子的品格、价值观和兴趣梳理好，培养良好的学习行为习惯，之后的发展由他自己去应对就好。

心理学破窗效应：一栋楼里只要有一扇窗子坏了，不久其他窗子也可能被破坏，也就是说不好的环境或不好的教育方式会带来更多不好的结果。而肯定及鼓励的积极教育方式，更能提高孩子的自我价值感及胜任感，促进孩子的社会应对能力提升。

总之，我们应综合考虑各方面的因素，遵循孩子心理发育规律，尊重孩子的人生理想，树立科学的家庭教育观念，不把孩子当成实现自己理想的工具，帮助孩子健康快乐地成长。

参考文献

朱岩. 怎样克服消极的代偿心理 ［N］. 辽宁日报，2000－09－30 （D02）.

何艳. 浅议惩罚式教养、望子成龙式教养与积极教养 ［J］. 教育导刊（下半月），2016 （2）：85－87.

庄顺利. "望子成龙"的家长心理分析及建议 ［J］. 当代家庭教育，2018 （11）：174.

路丙辉，徐益亮. "望子成龙"与"望子成才"的伦理辩证 ［J］. 重庆科技学报（社会科学版），2015 （10）：40－42，46.

Dyches T T，Smith T B，Korth B B，et al. Positive parenting of children with developmental disabilities：a meta－analysis ［J］. Research in Developmental Disabilities，2012，33 （6）：2213－2220.

准备生二胎时要给孩子做好心理准备

案例——老大变得非常爱哭及粘人

馨儿（化名）母亲到诊室咨询：医生，我女儿今年5岁半，近半年开始非常爱哭、乱发脾气，什么事情都粘着我。我还要照顾弟弟，现在生活变得一团糟，真的要崩溃了。

医生通过咨询了解到，半年前馨儿弟弟亮亮（化名）出生后，馨儿有下列行为问题。

（1）竞争和嫉妒：家里的玩具都不准给弟弟玩，弟弟在玩或在吃的东西也会去抢，馨儿甚至在家偷偷打弟弟。

（2）情绪问题：原本还算开朗的馨儿，如今变得不爱说话；经常无缘无故地乱发脾气、摔玩具、打人咬人。

（3）出现社会退缩及退化行为：在幼儿园变得很孤僻，喜欢一个人在角落玩；以前会做的事情，比如刷牙、穿鞋、吃饭，现在都要妈妈帮忙。

随着生育政策调整，部分要二胎的家庭陷入了烦恼。大孩变得不听话，对弟弟妹妹也产生强烈的竞争及嫉妒心理，出现同胞竞争障碍。其实"老大"的心理困境非常多见。

1. 引起同胞竞争障碍的原因

（1）自身气质。

回顾访谈，馨儿妈妈告诉我们馨儿2岁前非常爱哭，弟弟出生后更磨人。

心理学家托马斯（Thomas）和切斯（Chess）将儿童气质类型分为易养型、难养型和迟缓型三类。难养型气质儿童往往表现为很难适应新环境，情绪反应强烈。此外，难养型气质儿童在面对弟弟妹妹时，表现出更多的粘人、负性情绪、退行性行为，并且与弟弟妹妹建立更消极对立的关系。通过馨儿妈妈的描述，馨儿偏向于难养型气质类型，这种先天因素使馨儿面对弟弟妹妹时难以适应。

（2）亲子依恋。

医生询问馨儿妈妈，馨儿哭了一般怎么照顾。妈妈说馨儿哭了一般不理她，等她自己哭累了就不哭了。馨儿抢弟弟玩具时妈妈教育她，她还会动手打妈妈。

英国心理学家约翰·鲍比（John Bowlby）指出，亲子依恋分为安全型、回避型、矛盾型和混乱型四种。安全型依恋的形成需要抚养者具有敏感性，即抚养者能敏锐地发现婴幼儿的需求信号，及时、恰当地予以满足。通过谈话发现，馨儿妈妈在抚养过程中常常忽视馨儿的情绪信号，结合馨儿的表现，需要妈妈，但又打妈妈，可以推测馨儿对父母的依恋极有可能是矛盾型。这类儿童缺乏自信，对他人缺乏信任，难以建立亲密关系，容易愤怒并对他人表现出攻击行为。因为他们对母爱的获得不能确定，当母亲关注同胞时会感到被抛弃，而表现出更多的嫉妒心理和消极情绪。

（3）教养方式。

医生问家里谁照顾馨儿多一点，妈妈说她自己照顾得多，生弟弟前还非常保护及顺着馨儿，但是生了弟弟之后精力不足，很少管馨儿。

研究表明，低水平情感温暖和理解、高水平拒绝和过度保护的教养方式更容易引起儿童焦虑、自卑，以及社会退缩等内化矛盾行为。根据咨询医生了解，家里只有馨儿时，家属过度顺从，形成馨儿以自我为中心的观念，生了弟弟又明显冷落及拒绝，使馨儿觉得弟弟替代了她，同胞竞争就越发激烈。很多父母觉得可以公平对待两个孩子，但爱不能量化、不能控制，父母教育子女时急躁、不耐心，儿童经常被拒绝或过度惩罚较为常见，父母的偏袒是引起同胞竞争障碍的重要因素。

（4）父母婚姻质量。

医生询问馨儿妈妈得知，夫妻经常为了一件小事吵架，有时会在孩子面前吵架。

父母婚姻质量越高，儿童越会接纳自己的弟弟妹妹，也就是同胞关系会越好。幼儿耳濡目染成人的语言、态度、行为等，并学习这种相处模式，从而影响幼儿对待弟弟妹妹的态度以及同伴交往。馨儿父母经常争吵，这些被馨儿观察并学习，加上弟弟出生后嫉妒情绪的产生，于是她常常用简单粗暴的方式对待同伴及弟弟，并具有攻击性。

总之，很多因素均会引起二胎家庭同胞竞争障碍，应正确处理兄弟姐妹间的关系，健康的竞争可以使他们获得认知、社交等各方面的技能。相反，处理不当，则会引起个体终生的心理问题。

2. 二胎家庭教育建议

（1）父母养育，发展"老大"的安全依恋。

安全型依恋关系的培养非常重要，3个月到2岁是幼儿依恋关系建立最关键的时期，这段时期尽量父母养育，不要经常更换抚养者。大量研究证实，父母尤其是母亲对婴儿需求的敏感性对早期亲子依恋有着重要影响。抚养者对孩子发出的需求信号敏锐察觉，并及时、恰当、一贯地予以满足有利于安全型依恋关系的产生。同时要注意根据幼儿的气质特点因材施教，在抚养类似馨儿这种难养型气质幼儿时，需要更多的耐心和爱心。多与孩子进行身体接触，如拥抱、抚摸、亲吻，让孩子感受到父母的爱，对周围环境产生安全感。

（2）亲子沟通，消除"老大"的危机感。

生育前有效沟通，可以在一定程度上消除幼儿的危机感。大部分"老大"不接受弟弟妹妹，是因为担心弟弟妹妹抢走爸爸妈妈的爱。告诉孩子即使有弟弟妹妹也不影响爸爸妈妈对他的爱，而且还会多一个人来爱他。怀孕期间，可以通过照顾娃娃、抚摸腹部等方式让"老大"体验照顾弟弟妹妹的乐趣。在生育后，培养"老大"当哥哥姐姐的角色意识，可以让"老大"给弟弟妹妹喂辅食、拿奶瓶，培养他们的亲情感与责任感。对于"老大"的努力，家长给予鼓励及表扬，让孩子产生强烈的成就感。

（3）民主教养，培育"老大"的独立性。

研究表明，在民主型的家庭教养方式下成长的孩子身心能得到健康发展。家长必须舍弃重男轻女的封建思想，公平对待家中的两个孩子，不能偏袒"老二"冷落"老大"；注重培养孩子的独立性，不能因为情感补偿，纵容"老大"，应该鼓励"老大"

做一些力所能及的家务，培养家庭责任感，有了良好的独立能力，"老大"才能较好地适应新的生活规律和角色转变，欣然接纳弟弟妹妹。

（4）家庭氛围和谐，培育"老大"爱的能力。

家庭是孩子生活的第一场所，和谐的父母关系可以促进孩子的身心发展。孩子通过观察模仿学习父母的相处模式，如父母的关心、爱护、体贴等会给孩子良好的榜样作用，使其学会"爱人"，更容易接纳家庭新成员；而经常争吵的家庭氛围，会让孩子产生胆小、自卑、焦虑、暴力行为等，影响孩子的身心健康及社交能力。

总而言之，每一个孩子都是父母眼中的宝贝。父母要积极协调孩子之间的关系，孩子也要主动克服困难，构建积极的同胞关系。最后祝愿有"二宝"的家庭都能够建立良好的家庭关系。

参考文献

苏林雁. 同胞竞争障碍的诊治与预防[J]. 中国儿童保健杂志，2017，25（3）：221-222.

Kolak A M，Volling B L. Coparenting moderates the association between firstborn children's temperament and problem behavior across the transition to siblinghood [J]. J Fam Psychol，2013，27（3）：355-364.

刘春梅. 亲子依恋研究新进展 [J]. 中国儿童保健杂志，2012，20（7）：610-612.

罗运龙. 从人类发展生态学视角看二胎对一胎的心理冲击——以一个二孩家庭为例 [J]. 陕西学前师范学院学报，2018，34（3）：7-12.

张付全，张嫚茹，周晓琴，等. 内外化心理障碍患者家庭环境、教养方式和人格特征的对照研究 [J]. 中华行为医学与脑科学杂志，2016，25（9）：833-837.

岳永华，张光珍，陈会昌，等. 儿童的依恋类型与其问题行为的关系 ［J］. 心理科学，2010，33（2）：318-320，314.

Inoko K. Sibling rivalry，sibling conflict，sibling relational problem ［J］. Ryoikibetsu Shokogun Shirizu，2003（40）：48-50.

Sxabó N. Families in motion：changes with the arrival of a second child ［D］. Utrecht：Utrecht University，2012.

马佳丽. 同胞竞争障碍影响儿童成长 ［J］. 农家书屋，2016（10）：63.

王星，王辉. 早期家庭教育与幼儿心理健康的调查研究 ［J］. 内蒙古师范大学学报（教育科学版），2001（5）：31-35.

刘洋丽. 父母婚姻质量对幼儿焦虑的影响 ［D］. 郑州：河南大学，2019.

心理学法则

　　美国心理学家罗伯特·罗森塔尔（Robert Rosenthal）在1968年进行过一项有趣且发人深思的实验。罗森塔尔和助手来到一所小学，他们从1年级到6年级中各选出3个班，在学生中进行了一次"发展测验"。他们挑选了一些学生，数天后他们将名单告诉给学生的校长和老师，表示这些学生都是经过测试精挑细选的有天赋的孩子，如果好好培养他们，他们将会变得很优秀。然而实际的情况是，这些孩子只是他们的随机选择。

　　8个月之后，罗森塔尔再次回到这所学校，召集当时名单上的孩子。他发现孩子出现了让他意想不到的变化。这些孩子在这几个月中进步得非常快，不仅在学习上积极进取，性格上也变得更加开朗大方，与朋友们的相处也非常融洽。这就是著名的"罗森塔尔效应"[①]。

　　"罗森塔尔效应"又称期望效应，正确运用在教育中，可以给孩子带来很大的动力。换句话说，就是父母对孩子赋予较高的期望，用积极的态度对待孩子，从而达到使孩子成功的目的。罗森塔尔认为，正是自己的心理暗示，导致老师认为这些孩子具有潜力，所以在教学工作中难免会有所表现。而孩子接受了老师的

_____

①　林崇德. 心理学大辞典［M］. 上海：上海教育出版社，2003.

积极反馈，感受到了老师对自己的期待，就会给予积极的回应，下意识地去规范自己的行为，真正变得非常优秀。这个实验告诉我们，对一个人传递积极的期望，就会使他进步得更快、发展得更好，尤其在儿童阶段。

积极的期望，其实就是一种外界的支持。在人们的心中，家人、朋友是这种支持力量的核心，家人、朋友的期望支持也更有塑造力。在遇到挫折的时候，无论是孩子还是成人，对这种力量都非常期待。反过来，缺少这种积极的期望和支持，就会使人变得消极，或者在遇到挫折后一蹶不振。

小丽是一名9岁女孩和5岁男孩的妈妈，可能因为自己从小条件较差、读书不多，所以她希望孩子们能够好好学习，将来考上名校，出人头地，不用像自己那么辛苦。在孩子的学习上她倾尽所有，上好学校，请私教，上补习班，只要学习能上去，她什么都愿意试一试。然而在日常生活中，每当儿子调皮、女儿不愿意沟通时，或者孩子们表现不如意的时候，她总是不停地念叨："咱们家条件不好，你也不聪明，你看看隔壁的小彭，成绩好又有礼貌，如果再不努力学习，以后就只能像爸爸一样去打零工，难道你想成为这样没出息的人吗？"现实的结果却是，不仅两个孩子没有像想象中那样聪明好学，而且姐姐变得敏感不愿社交，弟弟则调皮很难说教。

对于这种情况，专家给了她一些建议：

（1）尽量予以赞美和鼓励，避免苛责。

在成长过程中，尽量给予孩子赞美和鼓励。肯定孩子的具体行为（例如今天准时起床，按时完成了作业等），让孩子感受到自己是被关注的，自己的闪光点是被家长看在眼里的，这样能够极大地提升孩子的自信心。同时在孩子面对失败的时候，家长的

鼓励能够让孩子充满信心，也能够让孩子理智地去总结教训，拥有重新再来的勇气。

（2）为孩子设置合理的目标。

家长可以为孩子设置一个具体的、孩子经过努力可以完成的目标并表达自己的期许，目标的设置应该符合孩子的成长规律，在孩子的能力范围之内。如果目标设置过于高远，孩子无法完成，反而会打击孩子的自信心，导致孩子出现失落、崩溃的心理情绪。

（3）支持和信任。

家长应该表达自己对孩子的信任和坚定的支持，让孩子明白，无论他成功与否，父母都是他最坚强的后盾，永远爱他并永远支持他。孩子才能够有充足的动力和勇气去变得更加优秀，超越自我。如果只提出希望，却没有情感支持，孩子很难拥有足够的内心力量去支撑自己的努力行为。

每个人都渴望得到他人的认同，尤其是在幼儿时期，孩子缺少自我分析的能力，对自己的认知往往来自他人的评价。父母的认可和赏识是孩子内心力量的来源，也是孩子前进的勇气。所以我们应该注意，对孩子进行积极的期望表达，让孩子感受到父母对他的信任和期许，产生积极的心理反馈，让孩子在成长中变得更加优秀。

在孩子的成长道路上，父母要不断地给孩子积极的心理暗示，才能培养出优秀的孩子。善用"罗森塔尔效应"，当孩子取得成绩时，父母应该及时地对孩子进行鼓励和表扬，帮助孩子爬上更高的知识高山。

青春期篇

LOVE
PANDA

吾家有女初长成

　　青春期是由儿童到成人的一个过渡时期，是一个生理、心理迅速发育和日趋成熟的时期，也是决定人一生性格、体质和智力水平的关键时期，同时也是一个敏感多愁、美好浪漫的时期。当孩子在面对自己的成长时，也许会感到兴奋又不知所措，或者还有一些烦恼和痛苦，其实这些都不用紧张，人人都有青春期。现在开始，让我们一起来学习如何帮助孩子健康安全地度过青春期。

1. 青春期的生理特征

　　女孩青春期的发育顺序一般为乳房发育、阴毛出现、外阴部变化、腋毛生长、月经来潮。在整个过程中特别需要注意哪些方面呢？我们一起来了解一下。

　　（1）乳房保健。

　　10岁左右的女孩，乳房开始发育且稍微隆起，乳头下出现小硬结，之后乳房组织开始慢慢生长，脂肪聚集，乳房逐渐呈半球形，乳晕逐渐扩大，乳头长大凸出。到16岁以后，乳房基本发育成熟。近年来，随着社会的发展，青春期发育年龄有普遍提前的趋势，但如果女孩在7岁半前开始出现乳房发育，这种情况属于性早熟，家长应该引起重视，需要及时带孩子去医院看生长发育门诊。如果孩子在 7 岁半到 9 岁开始发育，属于发育偏早，家长应关注孩子的发育速度、身高体重增长速度，如果速度特别快，在必要的时候，也应带孩子去医院看生长发育门诊。

15～16 岁乳房发育基本定型时，应及时佩戴胸罩，使乳房得到支托，这样不仅美观，而且可以起到保护乳房的作用，有利于乳腺组织正常的生长发育。家长应提示孩子注意以下几点：①胸罩大小要合适，不松不紧；②佩戴方式要正确，不能挤压；③每天白天佩戴，晚上要松解；④选用纯棉织物，化纤织物类的胸罩不适合青春期少女。

乳房丰满可以让女性体态健美，但有些少女可能会因为自身乳房偏小而感到困扰与担忧（有些少女乳房发育延迟到 17、18 岁才较丰满）。乳房大小不会影响生理功能，所以家长和孩子都不用太担心。乳房发育很大程度上受遗传因素的影响，除后天营养外，运动有助于乳房发育。在发育阶段，可以早晚坚持对乳房按摩 5～10 分钟，经常做扩胸运动，有利于胸廓胸肌发育，使乳房变得丰满。

（2）初潮前保健。

月经初潮前期，由于雌激素作用产生阴道分泌物（白带），可能会使女孩感到不适。这时，家长要注意孩子的外阴的卫生清洁。白带是一种正常的生理现象，在女孩发育期，80%～90% 的女孩可能都会出现，它与阴道黏膜的液体分泌增多有关，需要适时地清洗外阴，及时更换内裤，保持局部清洁干燥。一般应每天清洗外阴至少 1 次，使用清水即可。内裤不宜过紧、过硬，以免行走时引起局部刺激。

（3）月经初潮。

第一次来月经即为月经初潮，这是女孩青春期的重要标志之一。什么是月经？月经是指女性子宫内膜在内分泌激素影响下周期性剥脱并从阴道排出，每月1次。两次月经的第一天之间的间隔时间称为月经周期，一般为28～30天，提前或延后7天属正常范围，如果短于21天或长于40天，那么最好去医院检查一下。经期情况因人而异，大部分女孩前1～2天经量较少，以后逐渐增多，再转为逐渐减少而停止。一般持续3～7天。

需要注意的是，青春期少女在月经初潮后半年到一年时间内月经周期不太规则是正常现象，这与卵巢功能未完善、一部分月经为无排卵性有关。如因环境变化、情绪波动或过度劳动而引起痛经、月经周期紊乱、经量过多或过少，甚至闭经等，则应及时去医院就诊。

月经来潮后部分女孩会出现两种烦恼，一是经前紧张，二是痛经。

女性月经来潮前一周左右开始出现情绪异常，如精神紧张、烦恼、易怒、失眠、头痛等，有的出现面部水肿。这些症状主要由体内雌激素和孕激素的比例不正常及体内水潴留过多引起，不用治疗，也不影响学习，只要避免精神紧张，转移注意力，即可减轻症状。

痛经不严重者不需治疗，可以用热毛巾敷腹部，洗热水澡，不吃生、冷、辛辣刺激性食物。如果因痛经出现冷汗、恶心、呕吐、腹泻等症状，应去医院就诊。

经期由于子宫内膜脱落，血管破裂未愈，形成一个创面，加上子宫口微张，容易感染细菌，所以要注意经期卫生。

一是勤换卫生巾，以保持外阴清洁，预防感染。注意选择质量有保障、安全卫生的卫生巾，大品牌的卫生巾质量相对有保障。

二是月经期间，阴道的自净作用减弱，易受病菌感染，因此，经期应勤用温开水冲洗外阴，每天至少 1 次，不宜盆浴，最好用淋浴。不共用他人的衣服、毛巾，自己的用具勤洗勤晒。

三是月经期间一般生活习惯无需改变，注意有规律地生活，保证充足的睡眠和营养，适当运动。注意保暖，避免受凉，合理营养，忌食生冷、刺激性食物，不饮酒，避免剧烈运动和劳动。应记录月经日期，至少养成记住末次月经来潮第一天的习惯。

（4）青春痘。

青春痘并不影响健康，只是一个人在发育过程中出现的一种现象，如果不多不必介意。出现青春痘不可抓、捏患处，以免细菌侵入而引起发炎。要做到以下几点：

一是多吃清淡食物，注意多吃一些富含纤维素的食物，保持大便通畅。不吃蒜、葱、辣、咖啡等有刺激性作用的食物。

二是保证充足的睡眠，保持乐观情绪。

三是经常保持皮肤清洁。

（5）节食与减肥。

有些女孩为了身材"苗条"而节食，如不吃早餐，不吃鸡肉、鱼、蛋等，长久下去，大脑缺乏正常的物质补充，会导致智力下降、贫血、胃痛等。要合理安排生活，吃营养丰富的食物。早餐要吃好，午餐要吃饱，晚餐不要吃得过多，以避免热量摄入过多而导致脂肪堆积（肥胖），适当参加体育活动。

2. 青春期的心理特征

（1）自我意识增强，判断具有片面性，情绪两极波动与多变，情感丰富易变。

（2）独立性和依赖性。

（3）模仿心理与尝试心理。

（4）闭锁性和开放性。

（5）随着身体的发育，性意识萌发，男女生交往成为一个值得注意的重大问题。

家长可以多和孩子聊天，及时了解孩子的心理变化。应让孩子知道：青少年时期是积累知识、增加社会经验的时期，应该分清主次，学习才是这个时期的主旋律。

3. 如何顺利度过青春期

（1）鼓励孩子优雅大方地与男同学交往。

一是交往的目的是学习异性的长处。

二是在与男同学的交往中，要体现自己的高尚情操和良好道德修养，要举止端庄，稳重大方。穿着打扮要与学生年龄、身份相协调。懂礼貌、有教育、情趣高尚。

三是在与男同学相处时，要保持距离，不超越友谊的界限，要理智把握情感，绝不做有损自己尊严的事，要避免过分热情和亲近。

四是不轻易接受男同学赠送的礼品，不随便让男同学进入自己的小天地。要理智谢绝异性的爱慕与追求。

（2）要有正确的审美观。

一是突出青春的自然：清水出芙蓉，天然去雕饰。

二是美的魅力在于整体美：整体美既要求容貌、气质、衣着打扮均衡和谐，又要求外在美和心灵美合二为一。

三是注意自己的风度美：风度是一个人气质的自然外露，如平时的各种坐姿站姿、待人接物、举止谈吐、行动等。人的性格不同，会体现出不同的风度，内向的人表现出沉静、文雅、端庄文静，外向的人表现出活泼热情、谈吐文雅、举止洒脱。

四是保持健康美：学会自我保健知识，选择健康的生活方式，积极参与文体活动，学会控制自己的情绪，加强思想修养，树立正确的人生观。

（3）加强与父母、老师的沟通。

不少学生自认为长大了，思想成熟了，因而与父母的关系开始疏远。他们每天来去匆匆，在家的时候，常常把自己关在小屋里，虽与父母同处一个屋檐下，却犹如生活在两个世界。中学生要以开朗、豁达的态度与父母和老师加强沟通，得到有经验的长辈的帮助，学习长辈的长处，得到更多的理解和引导，避免误入歧途。

（4）学会自我保护知识。

女生自我保护 11 招：

• 提高警惕性，防范以"恶意"出现的坏人，也要警惕以"善意"出现的"好心人"。

• 不要一个人或少数几个女同学到公园、河边、树林等偏僻的地方去看书或复习功课。

• 不要一个人或少数几个女同学招手搭便车。

• 不要去各种酒吧或歌舞厅，不轻易与网友见面。

• 与父母闹别扭时切不可赌气离家出走。

• 衣着不要太暴露。

• 不要贪图小便宜，对过分殷勤的熟人要小心。

• 在陌生的地方问路时，不要独自跟着带路的人走。

• 记住在没有病人家属或女护士在场的情况下，男医生不能对女病人的下身进行检查（医院有规定）。

• 到男老师家补习功课时，要尊重老师，不应对老师有过

分亲昵的言谈或举动。

- 不读黄色手抄本或淫秽色情书刊、画报，不看黄色影片。

青春期是人生的玫瑰园，理想在此时确立，追求从这里起步，知识的力量在这里积聚，事业在这里奠基。女孩们应该用理想激励自己，用知识武装自己，用榜样教育自己，用理智控制自己，用活动锻炼自己！在这美好的花季尽情沐浴春天的阳光！

最后，祝青春美少女们健康成长，一生幸福！

校园暴力

　　校园暴力很可能给孩子身体、心灵都造成严重的创伤，严重影响孩子的身心健康发展，甚至出现不可挽回的遗憾结局。

　　部分学生受到过威胁、恐吓，受人欺负已经成为他们生活中的一部分。新闻里时有报道各种欺负弱小的事件，当我们打开网络搜索"校园暴力"时，一桩桩悲惨的事件映入眼帘。

　　校园暴力已如洪水猛兽般侵入校园，认识到校园暴力是一种恶行，是制止校园暴力的第一步。

1. 什么是校园暴力？

　　校园暴力是指在校内外发生的，可能造成受害者身体、心理创伤的一种攻击性行为。

2. 校园暴力的表现形式

　　（1）肢体欺凌：欺凌者主要利用身体或者器物直接攻击受害者，如掌掴、拳打脚踢、冲撞、推搡、踩踏、揪头发等。

　　（2）言语欺凌：欺凌者主要通过言语直接攻击受害者，如当众辱骂、嘲笑、起侮辱性绰号、讥讽、叫嚣、奚落等。

　　（3）社交欺凌：欺凌者采取孤立受害者的行为，这是一种比较隐性的攻击手段，故意利用人与人之间的社交关系来伤害受者，不让其融入团体活动或者搞小团体故意针对，使得受害者变得孤立无援，没有朋友。

（4）网络欺凌：通过网络，在社交平台、游戏平台、交友软件等以恐吓、羞辱、威胁、散播谣言等方式攻击受害者。

（5）财务欺凌：欺凌者通过各种手段抢夺受害者的财物，如抢夺钱财，以及手机、电话手表、电脑等贵重物品，或者故意破坏受害者的东西使其财物受到损失。

3. 校园暴力的成因分析

（1）在班级氛围越来越注重竞争的情况下，越来越多成绩不理想的孩子感受到了自己不被接纳、被排斥，心里愤恨的情绪难以消除，企图通过欺压别人这种方式找回自己的尊严。

（2）有部分父母为了让孩子听话，经常以打骂的方式来教育孩子，做错事情不是狠狠地打一顿就是非常严厉地责骂一通，暴力就是这部分孩子学习到的解决问题的方式，当他们在学校和同学发生矛盾冲突时常常会通过打骂伤害其他孩子来寻求内心的平衡和安慰。

（3）受害者性格较为软弱。

（4）老师或者家长认识不足，不重视此类问题，认为欺凌事件是孩子之间的玩闹。于是欺凌者并没有被严肃积极地处理，受害者反而可能被责备小气、懦弱。欺凌者未得到应有的惩罚，知道欺凌并不会给自己造成威胁，此后就变得更加肆无忌惮，为所欲为。

4. 如果孩子出现以下情况，那么孩子可能受到了欺凌

（1）出现不明原因的身体伤害，如擦伤、抓伤、淤青等。

（2）找不到原因的头痛、胃痛、腹痛、恶心、呕吐等躯体不适。

（3）不愿意去上学，上学时要求走不同的路径，或者求家长上学放学必须接送。

（4）情绪不稳定，经常闷闷不乐，悲伤哭泣。

（5）向家长要更多的零花钱或者偷钱。

（6）有自伤行为，试图自杀或者有自杀的迹象。

（7）和父母交谈时不愿意正面回应，闪烁其词。

5. 如何拒绝校园暴力

（1）大声说"不"。

如果遇到有人做出超越自己底线原则的事情要勇敢大声说"不"，要告诉对方"不可以""不行""我不接受"。我们要清楚地向对方表示我们有不被欺负的权利，不必去讨好任何人，也不必去害怕任何人。

（2）消除无助及耻辱感。

很多孩子不会和家长讲在学校受到欺凌、恐吓的事情，担心自己会被看作弱者，感受到被欺凌是一件耻辱的事情，对于自己无力反抗对方感到很无助，同时也担心欺凌者知道自己告密之后会变本加厉地欺负自己。此时，家长应该给孩子更多的支持和安慰，让孩子知道自己并不孤单，家长需要和学校一起协作解决问题，及时调查清楚事情，和学校相关部门一起采取适当的措施避免欺凌事件再次发生。

（3）寻求旁观者的支持。

当孩子受到欺凌时要学会向旁观者求助，若能得到旁观者的回应，旁观者能支持受害者站出来反对欺凌或者在适当的时候说出事情缘由，通常就能阻止欺凌发生或者再次发生。

（4）多融入群体。

单独行动的孩子往往更容易被认为是不合群、孤僻的孩子，欺凌者认为即使欺负他也不会有人帮助，认为他们可能更加胆小怕事，不敢回击。应鼓励孩子多交朋友，融入集体中可以使孩子得到更多支持和陪伴，更有力量和勇气去面对欺凌，群体的力量是庞大的。

（5）拥有一个良好健壮的体魄。

适当的体育锻炼不仅可以培养孩子的坚韧性格，也能让孩子有更强健的体魄。随着孩子慢慢对运动技能熟悉，孩子的自我价值感也会有所提升，孩子会逐渐增强信心。

每个人的青春都应该被善待，每个人都应该做一个善良的人，请所有人团结一致拒绝校园暴力。父母的陪伴与支持会让孩子更加自信勇敢，并且能够找到发展自身力量的方法，一次危机事件的解决也可以转换为成长的机会。

科学的性启蒙

案例——我从哪里来？

诊室里 4 岁的小宝问：妈妈，妈妈，我是从哪里来的？

妈妈很尴尬地笑笑，对小宝说：你是我从垃圾桶里捡来的……

这时爸爸插话进来说：不对，不对，小宝是大水冲来的……

妈妈咨询：这种问题该怎么回答呢？

其实这种情况在每个小朋友小时候都可能出现过，也许很多家长觉得告诉孩子是从垃圾桶里捡来的并没有什么不好，也许这只是一个成人的笑话。甚至成年后的我们，想起这件事也会觉得这是一个笑话。但是，大家有没有想过得到这个回答的时候，孩子内心其实是失落、沮丧甚至自卑的。原来给自己安全感的爸爸妈妈和自己没有关系，自己只是和垃圾一样被丢了然后又被捡回来的……

如果你是一个相对较为保守的家长，在此之前，可能没有了解过什么是性教育，认为孩子这么小还不需要性教育。毕竟大家以前也没有受过性教育，不也照样长大了吗？其实，性教育很重要。首先需要改变我们的刻板印象，儿童性教育是一个很健康、很重要的内容。

1. 5 岁以下的孩子，可能需要掌握以下内容

（1）出生教育。

知道自己是从妈妈肚子里出生的，而不是来自垃圾桶、大河或者其他什么地方。

（2）性别教育。

可以告诉孩子他/她是男生还是女生，男生有"小鸡鸡"，女生有"小妹妹"。男生女生都可以很优秀。男生站着尿尿，女生蹲着尿尿。男生去男厕所，女生去女厕所。男生可以很坚强，也可以很温柔；女生可以很温柔，也可以很坚强。

（3）隐私部位的认识。

告诉孩子平时裤衩背心盖住的地方是不能给别人看的，更不能被别人摸。偷看别人的也不行。对别人的身体好奇是很正常的，但是你不能去触摸别人的隐私部位。因为这是一件不文明的事情。家长也不要带孩子去异性澡堂。

（4）与性器官相关的行为界限。

摸自己的生殖器时，手一定要保持干净。手脏的时候不能摸，也不能用各种东西比如笔、纸去玩生殖器。最主要的是不能在别人面前玩，因为那是隐私部位。如果老是想玩它，就和爸爸妈妈说，家长可以和孩子一起玩游戏、逛公园、看动画片，以转移注意力。

2. 5~8 岁的孩子可能需要掌握的内容

（1）认识自己的身体。

认识身体的各个部位，包括生殖器官，知道它们的名字和功能。爱护自己的身体，每天都要清洗生殖器。

（2）性别与社会性别。

有的女孩性格像男孩，有的男孩性格像女孩。这都是正常的，你不能因此嘲笑别人。男孩可以喜欢和女孩在一起玩，女孩也可以喜欢和男孩在一起"野"。当你照顾异性时，不是因为她是女孩或者他是男孩，而是因为如果你是他/她，你也希望得到别人的帮助。

（3）家庭教育（理解家庭、婚姻的概念）。

爸爸妈妈彼此爱对方，结婚后住在一起，一起努力让生活更美好，也共同抚育孩子。虽然有的家庭可能只有爸爸或只有妈妈，但一样可以过得很幸福。嘲笑别人没有爸爸/妈妈，这样很没有礼貌。

3. 9～11 岁的孩子需要提前掌握青春期的身体变化

比如男孩会长胡子、喉结会变大，女孩胸部会发育，男女都会长腋毛、阴毛。当然也要告诉孩子还有各种各样的特例，比如有人比同龄人晚发育，到了高中才长腋毛。有的女孩 10 岁就来月经，有的女孩 16 岁了才来月经。这些情况都是正常的。

4. 12～18 岁的孩子已经开始注意异性，有了朦胧的性意识，对异性开始有了好奇和交往的要求

此时需要了解的是月经、遗精等现象出现的原因以及应对方法，还有如何挑选合适的内衣。这个年龄段的孩子大脑情绪的发育受激素改变的影响，而前额叶（刹车片）还没有发育成熟，特别容易激动、叛逆，急着去证明自己。这时候需要家长学会和这个年龄段的孩子顺畅地沟通。

家长还应该引导孩子正确处理和看待与异性的交往，不要过

早陷入感情的漩涡。告诉孩子男女交往的原则及注意事项、女孩如何保护自己、初步的婚恋道德原则，明确法律与道德对两性关系的基本要求，防止性罪错的发生，同时对自己既要认识又要接受。

总之，孩子的性教育在每个年龄段的内容应该有所侧重。5岁前应该解决性别知识等简单的问题。青春期发育前要进行性生理的教育。青春期发育后要进行性心理和性道德的教育。对孩子进行性教育要坚持自然、合适的原则，不能刻意为之，也不能用成人的眼光来看待孩子的问题。

追星的体验

案例——来自妈妈的烦恼

上初一的女儿从小就听话，成绩也好，是大家眼里的乖孩子，但我发现她最近开始追星了，她的眼里、嘴里、心里都是××明星，这让我非常担心。她节省我给她的零花钱用来买印有××明星照片的笔记本、书签、签字笔，她的房间里贴满了××明星的海报，抱枕上也是××明星，她复读机里面下载的全是××明星的歌曲，回到家一有机会就夺走我的手机去搜索××明星的新闻、视频。甚至有好几次，我在从小被限制喝饮料的她的书包里找到××明星代言的气泡水。我担心追星会影响她的学习、她的身体，想管她，可又怕会引起她的叛逆情绪。我应该怎么办？

追星对于青春期的孩子来说一直是热度很高的话题，在大多数家长眼中，这是不务正业的表现，不仅浪费时间、金钱，影响孩子的学业，还可能让孩子的价值观受到影响，因此家长把追星看作"洪水猛兽"。那么追星到底是一种什么样的体验？作为家长、作为老师，我们应该怎么去看待这个事情？又应该如何去正向引导呢？

1. 追星是成长过程中的心理需求

撒贝宁曾在他主持的"00后"青少年脱口秀《放学别走》第一期中和嘉宾分享他对追星的观念。追星，其实是在追自己，塑造一个你理想中的人设，你想成为什么样的人，你最终追来追去，追的是自己的影子。

人类对强者的崇拜是与生俱来的。想想看，孩子们的"追星"从出生起就没停止过。在学龄期前，他们崇拜的对象就是为自己提供生存保障的父母，他们仰望着父母，觉得父母无所不能；到了学龄期，他们接触到了更多的人，开始寻找父母以外的"替代者"，这时候，多才多艺的老师、厉害的小伙伴，成了他们新的偶像；而进入青春期，他们的心智逐渐走向成熟，形成了个人的判断力、独立的思想和抽象的理想，他们不再局限于父母和身边熟悉的人，而是开始在外部更广阔的世界中寻找更符合自己理想的榜样，于是某个特定明星成了他们新的追逐对象。这表明他们的内心更加开阔了，有了更高的目标。从这个角度来说，父母应该庆幸他们长大了。

2. 要引导孩子，首先父母得跟随他们

追星既然是孩子成长中合理、正常的事情，父母就不需要太过担心，只要正确引导就好，如果一味横加指责，无端干涉，反而可能引发叛逆心理。然而，要引导他们，我们首先得跟随他们、了解他们、学着与他们感同身受。因此，父母不妨试着和孩子一起追星，感受一下追星的体验。

文章开头那个焦虑的妈妈决定试着去了解女儿喜欢××明星的原因。她发现这个少年不仅长得好看，而且自制力强，有天赋

也仍然拼命努力，不论唱歌还是跳舞，都要力求完美；不惧危险，勇于担当，默默地为"粉丝"做了很多事情；生活中诚实谦逊有礼貌，对长辈毕恭毕敬；言谈举止中总透露出对祖国的热爱；他很明白自己想要的东西是什么，并且一步一个脚印，脚踏实地地往前走；他从不羞于承认自己的不足，却一直在学习、一直在进步……试问，这样的人，怎么能不让人喜欢？

后来，这位妈妈改变了方式，跟着女儿一起追星。母女有了共同话题，她们一起谈明星、谈理想、谈未来、谈正能量……妈妈变成了女儿的知心朋友，女儿当然愿意对妈妈敞开心扉，对于妈妈的合理引导建议也都能听得进去了。

3. 孩子追星过于狂热，父母就要谨慎了

一般来说，如果在一个健康、有爱、民主的家庭，孩子追星通常也是理性的，并不会妨碍他们的成长，反而让孩子在榜样的作用下选择更积极的生活。随着他们的长大，通过社交、学习，得到社会认同和自我认同，已不再想成为别的人，追星行为就不再发生。但如果孩子在成长过程中缺失父母的爱，或者父母过于溺爱、管教过严，或者父母本身有人格缺陷，孩子追星就可能变得偏执。这时候就需要父母和孩子一起正确面对，共同成长。必要的时候，也可以求助于心理医生。

4. 结语

其实，社会本身也会为青少年塑造出一些榜样，比如体育明星、影视明星、艺术家、科学家等。因为青少年的生活是可塑的，通过这些榜样的作用，他们会朝着符合主流文化的方向发展。

　　但要把握好度。追星是精神层面的追求，并不是生活的全部。对偶像的崇拜是青少年必经的道路，这个道路只是让自己更加喜欢自己，并不是真的和偶像有什么关系。通过追星，可以激发榜样的力量，使自己成为对社会更有用的人。

早恋

新闻回放：学校教学生早恋？

广州市某中学出现了一门新奇的选修课——"我要谈恋爱"。此课程一出，引起了轩然大波。有家长认为，孩子早恋，堵都来不及，怎么还能教呢？也有家长对此持乐观态度，青春路上，早恋很难避免，倒不如大大方方地引导孩子解决困惑。

对此，开设此课程的心理老师指出，现在学生恋爱现象很普遍，但是学生该怎样把握和保护自己，却缺少师长的引导，为此，她试探性地在高二学生中开课。

该老师称，我国港台地区在恋爱辅导方面做得很好，她参照台湾心理团体辅导的模式，结合自己多年的经验安排课程。最让学生兴奋的莫过于"相爱容易分手难"的章节。"如果感情路走不下去必须分手，怎么样把伤害降至最低？"学生通过讨论说出最糟糕、最佳、最有效、最美好的分手方式。

与家长的复杂心态相比，学生普遍对此持肯定态度，他们确实遇到很多烦恼，也希望得到老师的指引，这样也可以缓解师生矛盾。

1. 正确认识早恋背后的心理原因

早恋曾经是老师、家长眼中的误区、心中的雷池，是一个避而不谈的话题。可是，随着时间的推移，早恋引发了一系列问题，给学校、家庭、社会带来了很多困扰，让我们不得不重视它的存在。

什么是早恋？早恋其实就是未成年学生把对异性的好感用恋爱的方式表现的一种活动形式。本质上说，它只是男孩女孩之间情感寄托的表达方式之一，并不是什么"洪水猛兽"，用一颗平常心去看待早恋这件事，你就会发现，它和女孩的月经一样，是再正常不过的现象。而早恋背后的心理原因主要有以下几点：

（1）爱慕。

这是最主要的原因。孩子在成长过程中自然会有不同情感产生，而对美好事物的向往是再正常不过的心理需求。孩子通常因为某些方面而对对方产生好感，可能对方长得好看，看了一眼就喜欢上了，这就是在他们眼中的一见钟情；又或者对方的哪一点特长让人很喜欢、很羡慕，可以是打篮球时的帅气，可以是跳舞时的婀娜多姿；又或者对方很有个性、成绩很好、品行端正……总之，对方身上优秀美好的东西让他们有一种想接近的冲动。

（2）好奇。

青春期的孩子随着性意识的发展会对异性产生强烈的好奇，这也是青少年正常的反应。他们渴望接近异性然后加以了解，为了满足心中的好奇，两人就想结成男女朋友关系以更进一步发展。

（3）友谊的延伸。

男生和女生在学校里融洽相处，让对方都感到很舒适，所以

两人想尝试结成男女朋友，更密切地交往，为获得愉悦和不一样的情感而产生早恋现象。

（4）逆反心理。

或许是因为家长、老师的强烈反对而产生的不满心理，可能两个孩子在正常交往中受到别人不恰当的干预、议论，在这些外力的作用下，孩子就容易滋生一种"你越是制止，我就越是要在一起"的报复性心理，反而让两个孩子慢慢靠近，开始早恋。

（5）转移压力。

中学阶段有重重压力，学业上的挫折让孩子争强好胜的心得不到满足感，但在孩子眼中早恋可以缓解压力，也就是从异性那儿得到开心愉悦的感受，从而想通过早恋来排遣自己难以释放的压力，得到补偿。

（6）家庭关系。

孩子在青春期与父母的对话常常不欢而散，加之父母的忽略，相互之间就少了关爱与理解，于是就很容易被异性的关心打动而产生早恋行为。

2.　如何对待早恋

（1）观察他们的心思，大方聊、不说教。

当孩子早恋后会出现很多表现，比如很注重个人的形象，喜欢穿衣打扮；经常拿着手机聊天，不让家长看，家长看手机立马就会激动起来；爱听一些和爱情有关的歌曲、看一些描写爱情的故事；情绪起伏大，有时兴奋，有时忧郁，有时烦躁不安，做事无耐心等。

如果父母发现了孩子的心思，就一定要第一时间站出来，成为他们最好的倾听者。大方且用心聆听孩子对爱慕者的一切看法，可以不时露出对对方欣赏的眼神，给予孩子更多的认同。

还可以拿出我们年轻时的恋爱故事供他们参考。结尾为悲剧的故事，可以启示，青春期的萌动大多是不够成熟的，恋爱需要的是责任；成功在一起的故事，可以启示，唯有双方共同努力，才能收获最美的大结局。

不要说教，早恋的孩子早已懂得世间万物、人情世故，不如用故事暗喻他们，给他们更多的时间自我消化和调节这份情感。

（2）堵不如疏，化弊为利。

如果你家孩子执意想要和那位异性朋友在一起，此时强行拆散是最不明智的做法，因为有极大的可能加倍影响孩子的成绩。不如试着"成全他们"，用"有本事考上同一所大学"这样的激将法，激励他们学习和成长。

"你们可以把对方当作自己的目标，加倍地努力学习，要知道将来只有同一高度的你们，才会永久地站在一起。而如果你因为喜欢对方忽视了学业，将来对方考入更好的学校之后，遇到了更好的异性，人家还会选择你吗？"

在这里可以让孩子知道一些现实事例，不要把孩子保护得太好，这样他们体验不到生活的艰辛，不会懂得思考。

如果孩子已经与某个异性有"交往过密"的倾向，就要坦然地跟他谈交往中需要注意的事项，管好自己的行为，预防性行为发生以及带来的伤害。不要觉得难堪，现在孩子获取信息的途径很广泛，与其让他自己瞎寻找，不如告诉他科学的知识，杜绝伤害。

（3）扩大交际圈，发展兴趣爱好。

鼓励孩子结交品学兼优的同性伙伴，这样不仅可以减少与异性相处的机会，分散对恋人的注意力，还能让孩子扩大自己的交

际圈，让孩子在人际交往中不知不觉扩大自己的眼界和胸襟，激发上进心，而不是局限于两个人的小圈子。

鼓励孩子多参加学校的文体活动，发展孩子广泛的兴趣爱好，这样可以分散他们过人的精力，转移孩子对恋情的注意力，消除年少时精神上的空虚，减少青春期的生理变化给孩子带来的冲击，同时又培养孩子多方面的才能。

3. 结语

面对早恋，家长们首先应该明白它是一种正常的生理、心理现象，青春期是生命中最美好的时期，这个时期的孩子们正处于身体、心理、情感快速成长和变化的阶段，他们会对异性产生好奇和好感，这是一种自然的表现。

其次，我们应该正确地看待早恋，尊重孩子的感情，理解他们的需求，并给予正确的引导，而不是一味打压和限制。要教会孩子如何正确处理感情问题，让他们明白早恋并不是生活的全部，而作为学生，现阶段的首要任务是学习，掌握更多的知识，这样将来才能在社会中立足，才能为自己的爱情"买单"。

最后，我们要时刻关注孩子的情绪变化，营造良好的家庭氛围，建立良好的互信关系和沟通机制，了解孩子的想法和感受，及时发现和解决问题，让孩子在健康、和谐的环境中成长。

心理学法则

鱼缸法则——孩子的成长需要空间

几条小鱼放在一个鱼缸里，好几年了，还是那么小。有一天，鱼缸被打破了，于是主人就把它们养在院子的池塘里，没想到这些鱼竟然长得很大。

鱼需要自由的成长空间，人更是如此。我们常帮助孩子做选择，选学校、选衣服、选玩具，孩子没有选择、没有思考。所以，他没有创新思维，也不会有太多尝试。你可以让他学习到很多知识，你却无法让他举一反三，也无法让他有更好的想象力。

儿童常见
心·理疾病篇

LOVE
PANDA

注意缺陷多动障碍

哪些孩子可能患有多动症？
如何选择多动症的治疗方式？
多动症的孩子将来会怎样？

案例1——不遵守纪律的明明

妈妈带着明明来到诊室咨询：医生，我这周被老师谈话三次了。明明7岁多，已经上小学一年了。老师跟我反映，他上课不是拿左边同学的文具就是找右边同学说话，甚至跑下座位在教室里绕场一周。老师批评他，但老师的话还没说完，他就开始各种理由说个不停。这个孩子怎么能这么不听话？

案例2——爱做白日梦的丽丽

11岁的丽丽是一个早慧的女孩，说话识字都比普通孩子早。在小学低年级时学习成绩一直名列前茅。但是随着年级的升高，学习难度越来越大，3年级后丽丽的成绩开始下降。来诊室的时候丽丽很安静，坐在诊室的椅子上抠着手指。我与她谈话时她喜欢望向窗外或者打量室内的装饰，走廊上有小婴儿哭声时，她立即转头去看。我问她："丽丽，我刚刚说了什么？"她茫然地望着

我说："对不起，我刚刚好像走神了。"

案例3——上幼儿园的鹏鹏

一脸愁容的妈妈带着鹏鹏来到诊室咨询：医生，我想看看鹏鹏是不是患有多动症。他的哥哥已经确诊了多动症。我觉得他和哥哥小时候的症状很像，从小在家里跑来跑去，玩游戏没有耐心，出去玩滑滑梯总是插队，东西常常丢三落四，吃饭拖拖拉拉。他现在才5岁啊，需要治疗吗？

9月，又到了新学期开学的时间，心理行为门诊迎来了各种各样的孩子。他们有的在诊室里跑来跑去，好像安装了小马达，有的坐在座位上出神，有的爱抢答医生的问题，有的对医生的问话似听非听。他们的症状可能看起来很不相同，但他们可能患了同一种疾病——注意缺陷多动障碍（attention－deficit/hyperactivity disorder，ADHD）。

注意缺陷多动障碍，俗称"多动症"，是一种常见的慢性神经发育障碍。患儿可以具有注意力缺陷的症状，也可以具有多动冲动的症状，也可以同时具有注意力缺陷及多动冲动两种症状。那么我们怎么诊断注意缺陷多动障碍呢？

1. 注意缺陷多动障碍的诊断

（1）症状标准见表5－1－1。

表 5-1-1　症状标准

多动冲动	注意缺陷
①经常手脚动个不停或坐着的身体不停扭动 ②经常在教室或其他需要静坐的场合离开座位 ③经常在不适宜的场合跑来跑去或爬上爬下（青少年或成人只是有坐立不安的主观感受） ④经常难以安静地玩或参加娱乐活动 ⑤经常动个不停或表现得像被马达驱动停不下来（如在饭店、会议中难以长时间静坐，他人感觉其坐立不安、难以忍受） ⑥经常说个不停（多嘴多舌、冲动） ⑦经常问题还没说完答案就脱口而出（如抢接别人的话，交流时总不能等待） ⑧经常出现轮流中的等待困难（如排队） ⑨经常打断别人或扰乱别人（如打断对话、游戏、活动，不经询问或同意就用他人的东西，青少年或成人干扰或打断他人在做的事情）	①经常出现难以注意到细节或在作业、工作或其他活动中粗心（如忽视或遗漏细节、不正确地工作） ②经常在任务或游戏活动中难以维持注意（如在上课、交谈或长时间阅读中难以集中注意） ③经常在他人对其说话时似听非听（如在无明显干扰下分心） ④经常出现不遵循指令，不完成作业、家务或工作职责（如开始工作，很快失去注意，易分心） ⑤经常出现任务或活动的组织困难（如难以处理序列性任务，难以有序保管所属物品，工作杂乱无章，时间观念差，不能按时完成任务） ⑥经常逃避、不喜欢或不愿意去做需要持续贯注的任务（如学校、家庭作业，青少年或成人则对准备报告、完成填表和阅读长篇文章感到困难） ⑦经常丢失任务或活动需要的东西（如笔、书、文具皮夹、钥匙、眼镜、手机） ⑧经常容易受外界刺激而分心（青少年或成人可包含不相关的想法） ⑨经常忘记日常活动（如做家务、跑腿等，青少年或成人体现在忘记回电话、付账单、遵守约定等）
以上症状标准中，多动冲动症状描述的9条行为至少符合6条，或者注意缺陷症状描述的9条行为至少符合6条即满足症状标准，需要考虑注意缺陷多动障碍	

（2）除了症状标准外，诊断注意缺陷多动障碍还需满足以下标准。

①注意缺陷或多动冲动症状在 12 岁前出现。

②症状出现在 2 个或以上场景（如学校和家庭），持续 6 个月以上。

③有学习技能或社会交往等方面的功能损害。

④症状不是在精神分裂症或其他精神障碍过程中，也不能用其他心理障碍很好地解释（如心境障碍、焦虑障碍、分离障碍、人格障碍、物质中毒或戒断）。

（3）注意缺陷多动障碍的分度。

①轻度：存在非常少的临床症状，且导致轻微的社交或学业等的损害。

②中度：症状或功能损害介于轻度和重度之间。

③重度：存在非常多的临床症状，或存在若干特别严重的症状，或导致明显的社交或学业等的损害。

根据以上诊断标准我们不难发现，不遵守纪律的明明症状以多动冲动为主，爱做白日梦的丽丽症状以注意缺陷为主，而上幼儿园的鹏鹏同时具备了注意缺陷与多动冲动两种症状。经过进一步检查，他们都可以诊断注意缺陷多动障碍。

2. 注意缺陷多动障碍的治疗

（1）治疗目标。

缓解核心症状，最大限度地改善功能损害，提高生活、学习和社交能力。

（2）治疗原则。

4～6 岁注意缺陷多动障碍患儿首选非药物治疗。6 岁以后采用药物治疗和非药物治疗相结合的综合治疗，以帮助患儿以较低用药剂量达到最佳疗效。

（3）治疗方案。

非药物治疗：心理教育、心理行为治疗、特殊教育和注意力训练，围绕这些方面开展医学心理学治疗、家长培训和学校干预。心理教育指对家长和老师进行有关注意缺陷多动障碍的知识教育，这是治疗的前提。心理行为治疗常用的行为学技术包括正性强化法、暂时隔离法、消退法、示范法，这是干预学龄前儿童注意缺陷多动障碍的首选方法。

常用行为学技术见表5-1-2。

表5-1-2　常用行为学技术

技术方法	内容
正性强化法	• 对儿童的正确行为进行奖励，可以是物质奖励或语言表扬 • 例如：明明今天上课没有扰乱课堂纪律，回家后家长表扬了明明遵守纪律的行为
暂时隔离法	• 对儿童的错误行为可以采用暂时隔离法进行惩罚 • 例如：明明吵着要看电视，家长不给他看就大喊大叫，家长罚明明在书房站7分钟再出来
消退法	• 对儿童的轻微欠理想行为可以采用主动忽视的方法来消退 • 例如：丽丽不想收拾房间，对着妈妈抱怨，妈妈可以走开去做别的事情，忽视丽丽的抱怨
示范法	• 给儿童树立正确的行为榜样。 • 例如，鹏鹏吃饭拖拉，还总爱挑食，爸爸妈妈给鹏鹏做榜样，半小时以内吃完饭，每样菜都吃，不挑食

药物治疗：目前我国注意缺陷多动障碍治疗的一线药物如下。

中枢兴奋剂：哌甲酯类制剂，可以增强在学校的任务行为，

减少干扰和坐立不安；在家庭中可以缩短做作业时间、改善亲子沟通和依从性。

非中枢兴奋剂：盐酸托莫西汀，每天服药一次，作用时间可维持 24 小时，全天都能缓解注意缺陷多动障碍的症状。

• 用药前：评估患儿的用药史、药物禁忌、基线年龄的身高及体重、心血管情况。

• 治疗期间：除随访疗效以外，还需随访药物不良反应，定期监测体格生长指标、心率、血压等。

• 停药时机：症状和功能完全缓解 1 年以上，可在慎重评估症状、共患病和功能各方面表现后谨慎尝试停药，且停药期间定期随访，监测病情变化。

药物禁忌证及不良反应如下。

• 哌甲酯类制剂：禁忌证包括青光眼、药物滥用、服用单胺氧化酶抑制剂的患儿或急性精神病的患儿。可能出现的不良反应包括头痛、腹痛、影响食欲、入睡困难、眩晕等，运动性抽动也在一些患儿中发生。

• 盐酸托莫西汀：不良反应与哌甲酯类制剂相似，在延迟入睡方面的不良反应较小，但更易出现疲劳和恶心。目前尚未发现盐酸托莫西汀与抽动之间的联系。

案例 1：考虑到明明的症状主要出现在学校，排除禁忌证后选用盐酸哌甲酯缓释片，同时结合非药物治疗。

案例 2：丽丽已进入高年级，学习时间较长，家长反映丽丽学习成绩下降后开始出现焦虑，选用盐酸托莫西汀，同时结合非药物治疗。

案例 3：鹏鹏的年龄小于 6 岁，主要采用非药物治疗。

3. 注意缺陷多动障碍的预后

注意缺陷多动障碍经系统的治疗可以收到较好的效果，且疾病的预后良好。但不治疗的注意缺陷多动障碍儿童到成人时，约有 1/3 符合成人注意缺陷多动障碍的诊断，主要是：①多动症的残留症状；②反社会人格障碍；③酒精依赖；④癔症、焦虑和精神分裂症状。70%～85%注意缺陷多动障碍患儿症状会持续到青少年期和成年期，虽然多动症状会随时间推移而减少，但冲动和注意力不集中会持续存在。

案例 1：经过 1 年的治疗，明明在校期间的纪律性得到了很好的改善，受到了老师的表扬，明明心里美滋滋的。在新学期他还当上了班里的体育委员。但是在偶尔遗忘服药的时候老师和家长还是能够感觉到明明多动冲动的症状。因此，与家人商量后决定继续进行药物治疗。

案例 2：丽丽服药后上课注意力明显改善，成绩也得到提升，学习成绩再次回到班级前列。但在最近的一次复诊中丽丽表示自己有一些担心：服药 1 年后如果停药自己的成绩会不会再次下降。医生告诉丽丽会在停药前慎重评估，如果符合停药指征再尝试停药，停药后症状复现还可以继续进行药物治疗。丽丽表示愿意配合治疗。

案例 3：鹏鹏经过心理教育、行为治疗、执行技能训练等一系列非药物治疗，小学入学后在学业表现、家庭关系、人际关系等方面都表现良好，没有明显功能损害。因此，暂未采用药物治疗，继续非药物治疗，随访，监测病情变化。

注意缺陷多动障碍患病率较高，是常见的发育行为儿科疾病之一。在诊室里每年都有大大小小的孩子诊断注意缺陷多动障

碍。初诊之时他们有的不遵守纪律、有的对抗父母、有的成绩垫底、有的情绪低落，父母或焦虑、或迷茫、或愤怒、或无助。但注意缺陷多动障碍其实并不可怕，因为有那么多行之有效的治疗方法，有那么多成功的案例。当女兵的小美、做摄影师的小宇、考上"985"的凯凯，他们都是从这个诊室里走出去的孩子，系统规范地治疗后，他们一样拥有多彩的人生……

参考文献

金星明，静进. 发育与行为儿科学［M］. 北京：人民卫生出版社，2014.

中华医学会儿科学分会发育行为学组. 注意缺陷多动障碍早期识别、规范诊断
　　和治疗的儿科专家共识［J］. 中华儿科杂志，2020，58（3）：188－193.

抑郁

"每个人都和我说你想开一点，但没人知道我是生病了。"在咨询室中，这样的言语每天都会听到很多次，声音不同但都同样无奈、失落。

园园说："我情绪很糟糕，经常莫名就想哭，感觉就像坠入了一个深渊，看不到一点希望，我很绝望。"

婷婷说："我现在对任何事情都提不起兴趣，每天什么事情都不想做，时时刻刻都感到很疲惫，精力不足，我觉得自己很糟糕，我做不好任何事，是个负担，只会拖累身边人。如果没有我的存在，父母一定会比现在过得更好。"

康康说："我有很长一段时间睡眠不好，晚上躺在床上要很长时间才能睡得着，睡眠很浅，有一点声音就会惊醒，有时早上4点或5点就会醒，醒了翻来覆去，再也睡不着了，不想做任何事，不想出门，不想吃东西。"

小江说："长时间的情绪低落已经让我忘记了开心是什么样的，每天总有无数次闪过轻生的念头，活着这么累不如死了算了，死了就解脱了。"

这些言语不仅仅是他们在向我们表达不满或者是单纯地"吐

槽"，更是所有抑郁患者向我们发出的求救信号，希望我们能向他们伸出援助之手。

《心理健康蓝皮书：中国国民心理健康发展报告（2019—2020）》显示，我国青少年抑郁检出率为 24.6%，其中重度抑郁的检出率为 7.4%。小学阶段的抑郁检出率为 10% 左右，初中阶段的抑郁检出率为 30% 左右，高中阶段的抑郁检出率接近 40%。

1. 什么是抑郁？

抑郁是常见的精神障碍之一，是指各种原因引起的以显著而持久的心境低落为主要临床症状的一类心境障碍。

2. 临床表现

（1）情感症状。

情感症状是抑郁的主要表现，包括自我感受或他人可观察到的心境低落，高兴不起来，兴趣减退甚至丧失，无法体会到愉悦感，甚至莫名悲伤。

（2）躯体症状。

躯体症状在许多抑郁患者中并不少见，包括体重、食欲、睡眠和行为活动等方面的异常。

典型的躯体症状：①对通常能享受到乐趣的活动丧失兴趣和愉快感；②对通常令人愉快的环境缺乏情绪反应；③早晨抑郁加重；④存在精神运动性迟滞或激越；⑤早上较平时早醒 2 小时或更多；⑥食欲下降明显；⑦1 个月内体重降低至少 5%。

通常中重度抑郁发作患者存在上述 4 条或以上的躯体症状。

（3）认知症状。

处于严重的抑郁状态时，患者常存在一定程度的认知功能减退或损害。许多抑郁患者会描述存在思维迟缓、注意力不集中、分心、信息加工能力减退、对自我和周围环境漠不关心等。

3. 抑郁的误区

（1）有负面情绪等同于抑郁。

正常人遭遇不愉快的事情也会出现情绪低落、不开心，当诱因消除或者自我调节之后，负面情绪会逐渐消失，情绪恢复正常，所以有负面情绪不一定是抑郁，诊断抑郁必须对照相应的诊断标准，并且需及时到精神卫生专科医院就诊治疗。

（2）抑郁了是因为想不开。

如果一个人抑郁了，身边人往往会劝他想开一点，甚至可能被误解为抑郁了是因为不够坚强、小心眼，但抑郁是人体功能出现问题导致的疾病，并非只是单纯想不开。

（3）抑郁只有情绪问题。

其实绝大部分的抑郁患者除了主观感到情绪低落以外，经常还有乏力、疼痛、食欲减退、睡眠问题等。

（4）性格开朗的人不会抑郁。

实际上不是只有性格内向的人才会得抑郁，抑郁是一种疾病，和很多心理、社会因素相关。

4. 治疗

尽可能早期诊断，及时规范治疗，控制症状，提高临床治愈率，最大限度地降低病残率和自杀率，提高生存质量，恢复社会功能，防止复发。

（1）药物治疗。

药物治疗是目前各种抑郁的主要治疗方法，选用抗抑郁药时需考虑既往用药史、药物遗传史、药物的药理学特征、药物之间可能的相互作用、患者的躯体状况和耐受性等因素。

（2）心理治疗。

对于抑郁患者可采用的心理治疗种类繁多，常用的主要有认知行为治疗、支持性心理治疗、动力学心理治疗、家庭治疗等。心理治疗的目标在于解决患者比较深层次的心理问题，如采用认知行为治疗可以纠正患者歪曲的负性认知模式及不良的行为方式，促进情绪好转，达到临床治愈并降低疾病复发风险的目的。

（3）物理治疗。

改良电抽搐治疗（MECT）：一定量的电流通过大脑，引起意识丧失和痉挛发作，从而达到治疗目的的一种方法。大量的临床研究表明，MECT 能快速改善抑郁情绪，有效率高达 70%～90%。

重复经颅磁刺激（rTMS）：一种无创的电生理技术，利用脉冲磁场作用于大脑皮层，改变神经细胞的膜电位，使之产生感应电流，影响脑电代谢和神经电生理活动，促进中枢神经网络重建，调节各种递质分泌水平及大脑功能网络，从而改善抑郁情绪及睡眠问题。

5. 如何走出抑郁

（1）及时就医。

当发现孩子情绪及行为上的变化时应及时到专科医院就诊治疗，遵医嘱服药，配合心理治疗。

（2）消除病耻感。

社会大众可能对抑郁患者有歧视和偏见，以至于很多孩子抑郁之后产生一种强烈的耻辱感，回避就医导致延误病情。家长需要帮助孩子认识到抑郁是一种疾病。家长要更多地理解和包容，不要打压、贬低、挖苦和讽刺。

（3）良好的亲子关系。

家长应及时调整自己的情绪状态，给孩子营造和谐温馨的家庭氛围，给予孩子更多的尊重和自由选择的权利。良好的亲子关系可以给孩子更多的情感支持。

（4）良好的行为模式。

适当做一些体育锻炼，规律作息，尽量融入集体，避免独来独往，不压抑情绪，找到适合自己的解压方式。

参考文献

李凌江，马辛. 中国抑郁障碍防治指南［M］. 2 版. 北京：中华医学电子音像出版社，2015.

孤独症谱系障碍

　　西西是一个两岁半的可爱男孩，有着圆圆的脑袋、红彤彤的小脸蛋、黑黑亮亮的眼睛。在家人眼里西西是一个自理能力很强的孩子，如果想要什么东西，他会尽自己最大的能力去拿，拖凳子或搬小桌子，他不喜欢求助他人，实在拿不到，才会拉着大人去帮忙。除此之外，他有着和别的小朋友不一样的专注力，他最喜欢各式各样的玩具车，家里堆满了各式各样的玩具车，他自己一个人在玩具车堆里面可以玩上整整一天，他会反复把玩具车整整齐齐地排成长长的车队，而且不允许他人打乱。他不会像其他孩子一样缠着大人玩，爸爸妈妈觉得照顾西西是件非常轻松的事。让爸爸妈妈焦虑的是西西几乎没有什么语言，现在两岁半的他甚至很少叫爸爸妈妈，在父母的记忆中，1岁左右的他还会叫爸爸妈妈，但是现在几乎不叫。不仅如此，他对自己的名字和他人的指令常常充耳不闻，但是只要告诉他要出门去玩，有吃的，有新的玩具车，他又能很快地做出反应。妈妈常说，西西好像什么都明白，但是又好像不懂，觉得他有着很强的记忆力，但又好像不记事一样，就如你教他的东西他总没有回应也记不住，但是他却可以清楚地记得小区的路牌上哪有一个数字，去过一次的地方怎么走。父母很想知道西西这是怎么了，他到底是聪明还是笨？

　　最终，医生通过评估，考虑西西是一个患孤独症谱系障碍的孩子。通过一段时间的行为干预后，西西有了明显的进步，他慢慢地会开口叫人了，他开始关注身边的人，开始用更好的方式和他人沟通，看着西西的进步，爸爸妈妈特别开心。

1. 什么是孤独症谱系障碍？

孤独症谱系障碍（autism spectrum disorder，ASD）是以社会交往/交流障碍和重复刻板行为（restricted and repetitive behaviors，RRB）/兴趣狭窄为核心特征的神经发育障碍疾病。

2. 流行病学特征

1980 年以前，孤独症谱系障碍被认为是一种罕见疾病，随后各国报道孤独症谱系障碍的患病率有显著上升趋势。1943 年，美国儿童精神病学家 Leo Kanner 首次正式报道了 11 例孤独症谱系障碍患儿的表现。2000—2010 年美国疾病预防控制中心（CDC）的监测数据表明，美国儿童孤独症谱系障碍的患病率呈明显上升趋势。2020 年美国报道孤独症谱系障碍的患病率达到 1/54。

1982 年，南京精神病研究所陶国泰教授在我国首次报道了 4 例孤独症谱系障碍病例。2003 年，天津地区流行病学调查得出孤独症谱系障碍的现患病率为 0.10%～0.15%。2011 年，俞蓉蓉等人的调查结果显示孤独症谱系障碍总患病率为 2.55/1000。近期的调查数据显示我国儿童的孤独症谱系障碍患病率为 0.7%。

3. 对家庭及社会的影响

迄今为止，孤独症谱系障碍的病因尚不明确，诊断主要依靠临床症状，在治疗上也无特效的方法或药物，且受核心症状影响，多数孤独症谱系障碍患儿不具备独立生活能力，给社会及家庭带来严重的负担。在美国，据统计孤独症谱系障碍患儿每年的花费从 115 亿美元到 609 亿美元不等，包括医疗保健、父母工资的损失、特殊教育或干预等花费。循证医学证据证明早期干预是改善孤独症谱系障碍患儿症状及预后的最有效方法，且 2 岁是孤独症谱系障碍患儿干预的关键时期。

4. 临床症状及特征

孤独症谱系障碍一般起病于 36 个月以内，主要表现为两大类核心症状。

社会交往/交流障碍及重复刻板行为/兴趣狭窄。

（1）社会交往障碍。

患儿在社会交往方面存在质的缺陷。在婴儿期，患儿回避目光接触，对人的声音缺乏兴趣和反应，没有期待被抱起的姿势，或抱起时身体僵硬，不愿与人贴近。在幼儿期，患儿仍回避目光接触，呼之常无反应，对父母不产生依恋，缺乏与同龄儿童交往或玩耍的兴趣，不会以适当的方式与同龄儿童交往，不能与同龄儿童建立伙伴关系，不会与他人分享快乐，遇到不愉快或受到伤害时也不会向他人寻求安慰。学龄期后，随着年龄增长及病情改善，患儿对父母、同胞可能变得友好而有感情，但仍明显缺乏主动与人交往的兴趣和行为。虽然部分患儿愿意与人交往，但交往方式仍存在问题，他们对社交常情缺乏理解，对他人情绪缺乏反应，不能根据社交场合调整自己的行为。成年后，患者仍缺乏交往的兴趣和社交技能，不能建立恋爱关系和结婚。

（2）交流障碍。

• 非言语交流障碍：患儿常以哭或尖叫表示他们的不舒适

或需要。稍大的患儿可能会拉着大人手走向他想要的东西，缺乏相应的面部表情，表情也常显得漠然，很少用点头、摇头、摆手等动作来表达自己的意愿。

• 言语交流障碍：患儿言语交流方面存在明显障碍。语言理解力不同程度受损；言语发育迟缓或不发育，也有部分患儿3岁前曾有表达性言语，但以后逐渐减少，甚至完全消失；言语形式及内容异常，患儿常常存在模仿言语、刻板重复言语、语法结构、人称代词常用错，语调、语速、节律、重音等也存在异常；言语运用能力受损，部分患儿虽然会背儿歌、背广告词，但却很少用言语进行交流，且不会提出话题、维持话题或仅靠刻板重复的短语进行交谈，纠缠于同一话题。

（3）重复刻板行为/兴趣狭窄。

患儿对一般儿童所喜爱的玩具和游戏缺乏兴趣，而对一些通常不作为玩具的物品却特别感兴趣，如车轮、瓶盖等圆的可旋转的东西。有些患儿还对塑料瓶、木棍等非生命物体产生依恋行为。患儿的行为方式也常常很刻板，如常用同一种方式做事或玩玩具，要求物品放在固定位置，出门非要走同一条路线，长时间内只吃少数几种食物等，并常会出现刻板重复的动作和奇特怪异的行为，如重复蹦跳、将手放在眼前凝视、扑动或用脚尖走路等。

（4）其他症状。

约3/4患儿存在精神发育迟滞。1/3～1/4患儿合并癫痫。部分患儿在智力低下的同时可出现"孤独症才能"，如在音乐、计算、推算日期、机械记忆和背诵等方面具有超常表现。

5. 诊断方法

孤独症谱系障碍属发育行为疾病，应综合病史、躯体和神经系统检查、精神检查、辅助检查的结果予以诊断。因此诊断孤独症谱系障碍需要全面反复地评估，没有特殊的诊断方式。

6. 干预治疗

（1）早发现，早治疗。治疗年龄越早，改善程度越明显。

（2）促进家庭参与，让父母也成为治疗的合作者或参与者。患儿本人、儿童保健医生、患儿父母及老师、心理医生和社会应共同参与治疗过程，形成综合治疗团队。

（3）坚持以非药物治疗为主、药物治疗为辅，两者相互促进的综合化治疗培训方案。

（4）治疗方案应个体化、结构化和系统化。根据患儿病情因人而异地进行治疗，并依据治疗反应随时调整治疗方案。

7. 特别需要家长关注的问题

（1）孤独症谱系障碍没有特效治疗药物。早期诊断、早期干预可以改善孤独症谱系障碍的预后，因此一般认为年龄越小，孤独症谱系障碍治疗效果越好，但是并没有一个年龄的截止点，事实上也存在着部分患者在较大年龄获得改善。

（2）世界各国尤其是发达国家建立了许多孤独症谱系障碍特殊教育和训练课程体系，主要的训练方法各有优缺点，尚无证据表明哪一种方法显著优于另外一种，并且各种方法有互相融合的趋势。

（3）由于孤独症谱系障碍缺乏特效治疗，目前有数百种的另类疗法，这些疗法缺乏循证医学证据，使用需慎重。少部分未经特别训练和治疗的孤独症谱系障碍患儿有自我改善的可能，部分疗法声称的疗效可能与此有关。

儿童强迫症

案例——孩子每天重复数十次检查书包

9岁的明明半年前开始每天检查自己的书包，每天需要花很多时间，重复数十次。如果不这样做，他就不能安心做作业。这种情况持续一段时间之后，严重影响到明明正常的生活和学习。明明内心也很苦恼，但是自己也控制不住。

像明明这种不能自我控制地重复某件事的现象，临床上称为儿童强迫症。关于儿童强迫症，我们应该知道以下几点。

1. 什么是儿童强迫症

儿童强迫症是以强迫观念与强迫行为为主要表现的一种儿童期精神心理障碍。其发病率为2‰～4‰，平均发病年龄为9～12岁。患有强迫症的儿童通常智力正常，性格多内向，有着胆小怕事、凡事追求完美、谨小慎微等特点。

其病因尚不清楚，研究者一般认为与遗传、脑损伤、家庭及社会环境等因素有关。一些研究显示，同卵双生子同患强迫症的概率高达60%，父母的一些特质比如"过分的完美主义、对洁净和细节的过分追求、优柔寡断的个性"也和孩子的强迫症状有关。

2. 常见症状

（1）强迫观念。

反复持续存在的思想、观念、表象、情绪、冲动或意向，对儿童的生活及学习来说没有意义。患儿明知没有必要，企图用其他行为或思想抑制，但无法摆脱，常因此苦恼、焦虑。

常见的强迫观念：①强迫怀疑，怀疑别人说自己坏话、怀疑自己患有绝症等；②强迫回忆，强迫自己回想曾经历的事、说过的话等，如果回忆被打断，就必须从头开始；③强迫性穷思竭虑，就是人们常说的"钻牛角尖"，如反复想"如果我是奥特曼会怎样"等没有实际意义的问题；④强迫对立观念，反复思考一件事是"好"还是"坏"。

（2）强迫行为。

通过反复的行为或心理仪式，以阻止或减少强迫观念导致焦虑和痛苦。强迫行为有的为外显性的，表现为具体可见的一些行为：一是强迫洗涤，如反复洗手、刷牙、洗袜子等；二是强迫检查，如反复检查书包、文具盒、窗门等；三是强迫询问，要求父母反复回答一些毫无实际意义的问题，直到家长回答出其预设的答案才会满意。有的则为隐匿性的，不易被察觉，如强迫计数。

（3）替代性（感应性）强迫。

替代性强迫表现为患儿不但自己有强迫行为，还要求父母或其他带养人来完成他的强迫行为。部分儿童的强迫行为具有家庭感应性，其父母可能出现和孩子一样的强迫行为，主要见于过度依恋或过度溺爱的亲子关系。

3. 对儿童的危害

首先，强迫症患儿明知其症状是不具备实际意义的，但由于自身难以控制这些观念及行动，故常受这些强迫症状困扰而出现紧张、痛苦甚至焦虑的情绪。其次，患儿需耗费大量的时间及精力屈从于强迫症状，影响其学习、睡眠，进而造成学习成绩下滑、身体不适。最后，患儿的强迫症状可能会导致其受到他人的歧视，难以和其他儿童建立良好的人际关系。

4. 治疗

目前强迫症的治疗包括药物治疗、物理治疗及心理行为治疗。治疗的核心是阻断与强迫相关的行为，因此儿童强迫症的主要治疗手段是心理行为治疗。治疗师通过和患儿建立良好的医患关系，帮助其发现并分析内心的强迫观念，使其认识到强迫行为的非必要性，推动其解决问题。儿童强迫症发病与家庭因素有一定关联，有研究表明，家长的批评、家长过度满足患儿与强迫症状有关的需求、家长协助患儿完成强迫行为或者帮助患儿回避强迫行为等都可能会给患儿的治疗带来一定的不利影响。但适度的批评或敌意却与积极的疗效有关，因此我们越来越强调家庭治疗在儿童强迫症治疗中的重要意义。为帮助强迫症患儿，各位家长可以这样做：

（1）和孩子一起学习强迫症知识。

强迫症患儿一般都会意识到自己的行为问题，觉得自己不正常。一起学习强迫症知识可以让孩子知道还有其他有着同样困扰的人，可以降低其心理压力，同时了解有方法可以解决强迫问题。

（2）不过度关注或参与孩子的强迫行为。

对孩子强迫行为的过度关注，可能会让孩子以为自己犯错了，以至不敢向家长反映内心的焦虑。不成为孩子强迫症状的帮手，如帮助孩子反复检查书包、囤积物品等。

（3）给予积极的反馈与支持。

不对孩子说"不要想了""不要做了""别想这么多"等负面反馈，否则，孩子会有挫折感或责怪自己。积极的言语或非言语鼓励，有助于孩子树立战胜疾病的信心。

（4）避免焦虑情绪，保持耐心。

家长的焦虑、烦躁情绪对孩子的心理健康有一定负面影响。家长应适时纾解压力，保持积极的心态，这样对孩子的治疗和自己都有帮助。

对于单纯心理治疗无效的强迫症患儿，还可以在专业精神科医生的指导下进行药物治疗或者物理治疗。目前治疗儿童强迫症的药物主要为5-羟色胺再摄取抑制剂及三环类抗抑郁药，对儿童强迫症的治疗效果较好，不良反应也较轻。对于难治性强迫症患儿，可根据具体情况选择性采用改良电休克及经颅磁刺激等物理治疗。

研究表明，早期开始及持续治疗有利于改善强迫症患儿的预后，提高儿童功能水平和生活质量。因此，家长应在生活中关注孩子的行为细节，及早发现孩子是否存在强迫症状，及时给予帮助与调整。若症状持续不能缓解，严重影响孩子生活，应及时带孩子到精神卫生专科医院就诊治疗。

焦虑障碍

1. 焦虑感和焦虑障碍有何区别

对于焦虑感，我们每个人都不陌生。转学到新学校，即将当众表演，想到明天的考试，老师布置的作业提交时间即将截止却仍未完成，这些都会让我们产生焦虑感，适当的焦虑感可以调动我们的积极性，让我们更好地完成生活、学习和工作的任务。

然而，我们在生活中或者影视作品中或多或少还见过这样一些场景：

场景一：小张非常怕高，一到高处就全身发抖，不敢往下看，心慌胸闷、呼吸局促、大汗淋漓、手脚发软，因此不敢上高处。

场景二：小李害怕乘坐拥挤的长途汽车，一到车上就会大汗淋漓、脸色苍白、头晕眼花，甚至有濒死感，于是不敢乘坐长途汽车。

场景三：小王是一个高中生，从小父母的同事、朋友到家里来时，她就不敢与人打招呼，总是想办法躲起来，高中以后稍微好一点，但在集体开会等场合还是不敢讲话，除非对大部分人都很熟悉，否则，一般的聚会、集体活动都不参加。不敢和异性讲话，不敢看男同学的眼睛，一讲话就脸红，面对同性几乎也会这样，尤其在公共场合，甚至不敢和熟人打招呼，总是感到紧张发

111

抖、手心出汗，甚至心慌、难受、想逃离。原本小王的成绩不错，但由于社交问题，内心很痛苦，他人也无法理解，平时与老师面对面也会无端感到害怕，因此学习成绩一直下滑。小王是家中的独生女，父母对其寄托了很大的希望。小王看到别的同学都能自信地与人相处，热热闹闹打成一片，自己却被这种恐惧感如影随形地包围着，内心感到非常痛苦。

上述三个场景中的主人公都有焦虑感，但是以过度恐惧和焦虑为主要表现，并且伴随相关的行为障碍，称为焦虑障碍。根据2019年的调查，焦虑障碍是我国最常见的精神障碍，年患病率为5.0%，终身患病率为7.6%，可发生于各个年龄，通常起病于儿童期或青少年期，患者往往到成年期才到医院就诊。

2. 焦虑障碍的诊断和治疗原则

（1）诊断原则。

• 精神症状：焦虑、担忧、恐惧、紧张不安等。

• 躯体症状：心悸、胸闷、气短、口干、出汗、肌紧张性震颤、颜面潮红、苍白等。

• 评估量表：广泛性焦虑障碍量表、焦虑自评量表、汉密尔顿焦虑量表。

• 排除躯体疾病：心电图、心脏彩超、甲状腺功能检测、肾脏B超、头颅磁共振等。

（2）治疗原则。

• 全病程治疗：急性期治疗、巩固期治疗和维持期治疗。

• 综合治疗：药物治疗、心理治疗、物理治疗及其他治疗相结合。

• 常用药物：抗抑郁药、抗焦虑药、苯二氮䓬类药物。

• 心理治疗：认知行为治疗、行为治疗、人际关系治疗、精神动力治疗等。

3. 焦虑障碍的分类

目前焦虑障碍主要包括广泛性焦虑障碍、惊恐障碍、场所恐惧症、特定恐惧障碍、社交焦虑障碍、分离性焦虑障碍和选择性缄默，其诊断要点可以参考表5-5-1。

表5-5-1　焦虑障碍的分类及诊断要点

焦虑障碍分类	诊断要点
广泛性焦虑障碍	①持续、泛化、过度的担忧，不局限于任何特定的周围环境，或对负性事件的过度担忧存在于日常生活中的很多方面，如过度担心自己或亲人患病或发生意外、异常地担心工作出现差错等 ②运动性紧张，如坐卧不宁、紧张性头痛、颤抖、无法放松等 ③自主神经活动亢进，如心动过速、出汗等 ④以上症状持续存在会对日常生活、工作和学习等造成显著不利影响 ⑤持续至少6个月
惊恐障碍 （急性焦虑发作）	①1个月内存在几次惊恐发作，或首次发作后因害怕再次发作而产生持续性焦虑至少1个月 ②惊恐发作不局限于任何特定的情境或某一类环境，具有不可预测性 ③惊恐发作除了强烈的恐惧、焦虑外，还有明显的自主神经症状，如心悸、胸痛、哽咽感、头晕、出汗、发冷、发热等，以及非真实感、濒死感、失控感等 ④惊恐发作突然开始，迅速达到高峰 ⑤发作间歇期除害怕再次发作外无明显焦虑症状 ⑥患者难以忍受又无法摆脱而感到痛苦，影响日常生活

续表5-5-1

焦虑障碍分类	诊断要点
场所恐惧症	①恐惧或焦虑必须局限于至少以下情境中的 2 种：乘坐公共交通工具、开阔的公共场所、密闭的空间、排队或处于拥挤的人群、独自离家 ②对这些场景恐惧的程度与实际危险不相称，同时伴有自主神经症状 ③对恐惧情境采取回避行为 ④知道恐惧过分、不合理或不必要，但无法控制 ⑤患者因为症状感到痛苦而寻求帮助，或症状影响到重要功能 ⑥持续超过 3 个月
特定恐惧障碍	①面临特定恐惧性刺激的物体、场景或活动感到强烈的恐惧、害怕（恐惧的对象主要包括动物如狗、蜘蛛、昆虫，自然环境如高处、雷鸣、水，情境如飞机、电梯、封闭空间，其他对象包括血液、疾病等） ②面对恐惧对象或情境时会出现明显的主动回避行为 ③如果不能回避，则要忍受强烈的恐惧或焦虑 ④引起痛苦或社交、职业、教育等其他方面的损害 ⑤持续数月，通常是 6 个月以上
社交焦虑障碍（社交恐惧症）	①面对可能被审视的社交情境时产生显著的害怕或焦虑 ②害怕自己的言行或焦虑症状引起别人的负性评价 ③主动回避恐惧的社交情境，或者带着强烈的害怕或焦虑去忍受 ④引起痛苦，或导致重要功能损害 ⑤持续数月，通常是 6 个月以上
分离性焦虑障碍	①个体与其依恋对象离别时，会产生与其发育阶段不相称的、过度的害怕或焦虑 ②这种害怕、焦虑或回避是持续性的，儿童和青少年至少持续 4 周，成人则至少持续 6 个月 ③这种障碍引起有临床意义的痛苦，或导致社交、学业、职业或其他重要功能方面的损害 ④这种障碍不能用其他精神障碍来更好地解释

焦虑障碍分类	诊断要点
选择性缄默	①在被期待讲话的特定社交情况（如在学校）中持续地不能讲话，尽管在其他情况下能够讲话 ②这种障碍妨碍了教育或职业成就或社交沟通 ③这种障碍的持续时间至少1个月（不能限于入学的第1个月） ④这种不能讲话不能归因于缺少社交情况下所需的口语知识或对所需口语有不适感 ⑤这种障碍不能更好地用一种交流障碍来解释（如儿童期发生的流畅性障碍），且不能仅仅出现在孤独症谱系障碍（自闭症）、精神分裂或其他精神病性障碍的病程中

4. 焦虑障碍治疗举例

我们以场景三为例简单阐述一下治疗方法。场景三展示的是一例典型的社交焦虑障碍的案例，患者于青少年期就诊，其治疗方案以心理治疗为主。

从认知行为治疗来看，小王自身性格和父母的高要求导致她一方面自我评价较低，另一方面又非常在意别人的看法，因此会有"我不够优秀、我不够好"的核心信念，逐渐出现疏离社交，害怕与人视线接触，害怕和别人交往的焦虑障碍。因此我们的核心方法是运用认知疗法，多维度进行评估，帮助小王做出更好的自我察觉，识别负性自动思维，认识到自身存在的不合理观念，并运用认知重建技术矫正小王不合理的认知，建立合理的认知观念；运用行为治疗，帮助小王改变原有的行为模式，习得健康的人际交往技巧，建立良好的人际沟通模式，使其能够积极地面对学习、生活。

在本案例中暴露疗法比较适合小王，可以帮助她改变人际交

往中不敢与别人目光对视、回避交往的行为。小王因为害怕和别人有目光接触，在日常生活中尽量回避和别人交流的机会，大部分时间都是独处。因此，在治疗过程中，咨询师需要鼓励小王通过暴露的方法着手改变人际交往的回避行为。咨询师和小王共同商定人际暴露的级别和具体内容，并进行练习。具体内容包括现实暴露及想象暴露。通过逐级暴露，反复体验焦虑水平下降的过程，这样在进入相应焦虑情境的时候焦虑程度就会逐渐下降。

总之，作为最常见的精神障碍疾病，及时识别自身的焦虑情绪，同时积极寻求心理专科医生的帮助非常重要。

参考文献

国家卫生健康委办公厅. 精神障碍诊疗规范（2020 年版）[Z]. 2020.

中华医学会，中华医学会杂志社，中华医学会全科医学分会，等. 广泛性焦虑障碍基层诊疗指南（2021 年）[J]. 中华全科医师杂志，2021（12）：1232－1241.

心理学法则

1. 自然惩罚法则——让孩子自己承担后果

儿童所受的惩罚，正是他过失所带来的自然结果，这就是自然惩罚。用我们的话来说：每个人都要为自己的行为负责，你的过失，不可能由别人来承担。

我们应该让孩子自己去尝试，孩子自己感受经历的东西，往往比我们传教给他的深刻。孩子会在这个过程中成长：人要为自己的错误负责，而不是迁怒于人。

2. 狼性法则——培养孩子的好奇心

假设一个公园，没有假山或屏障，没有曲折的道路，我们从外面就能一览无遗，那你就不会对这个公园有多少兴趣。相反，正是有了这些不同的事物，我们才愿意进去了解。

人对事物的好奇心是容易变化的，同样的事物加以变化，有时带上游戏成分，效果就会更好。

人的行为在一段时间或一些重复经历后就被固定下来，形成了习惯。我们要注重孩子的细节，注重引导。一个好的习惯，就是一笔财富，会使孩子受益一生。

3. 尊重法则——心灵的成长需要尊重

课堂上，老师拿出一本著名漫画家的书，告诉孩子们书里的故事，然后让他们自己讲一个故事并画出来。尽管孩子们的故事并不精彩，老师还是很认真地记下来并告诉孩子，这是你们写的第一本书。

要让孩子真正长大成人，就应该让孩子从小"站着"平视而不是"趴着"去仰视那些大人物。这种对等的方式，可以让孩子有一个自信和健全的人格。

4. 南风法则——教育孩子讲求方式

南风与北风打赌看谁的力量更强大。他们约定，看谁能把行人的衣服脱下来。北风张牙舞爪地吹，行人把衣服越裹越紧；南风徐徐地吹，直到风和日丽，行人都热得脱掉大衣。

每个孩子都是独立的个体，有其独特的性格和需求。教育者应当以理解和尊重为前提，加强沟通与互动，倾听孩子的心声，了解他们的内心世界，通过适时的鼓励和支持激发孩子的自信心和主动性，增进亲子关系，从而进行有效的引导。

5. 梦想法则——孩子的成长需要梦想

当我们给孩子交代一件事时，不要急着教他怎么做，你只需要告诉他应该做成什么样子就行了，必要时给他一些安全方面的注意提醒。至于方法，让他自己去想好了。在这期间，我们只需要鼓励再鼓励。去挖掘孩子的想象力，而不是告诉孩子"标准答案"。